中等职业教育教材

样品的大型精密仪器分析

邓恒俊　陆桂梅　主编

YANGPIN DE
DAXING JINGMI YIQI FENXI

化学工业出版社
·北京·

内 容 简 介

本书为工业分析与检验专业（群）核心课程教材，采用工作过程为导向的编写模式，包括七个学习任务和一个拓展学习任务，涉及环境监测、化工产品分析和食品检验等专业的分析项目，涵盖原子吸收光谱法、原子荧光光谱法、气相色谱法、高效液相色谱法和离子色谱法的基础知识和操作技能。通过明确任务、获取信息、制订与审核计划、实施计划、检查与改进、评价与反馈、拓展专业知识七个学习环节进行学习，并渗透企业的工作元素、思政元素和世界技能大赛化学实验室技术项目的评价管理理念，提高学生综合素质，促进学生全面发展。

本书可供中等职业学校分析检验技术、环境监测技术、食品安全与检测技术等专业学生使用，也可作为相关专业职业技能培训的教材。

图书在版编目（CIP）数据

样品的大型精密仪器分析 / 邓恒俊，陆桂梅主编. --
北京：化学工业出版社，2024.12. --（中等职业教育
教材）. -- ISBN 978-7-122-47197-0

Ⅰ. O657

中国国家版本馆 CIP 数据核字第 20244D1D02 号

责任编辑：刘心怡　　　　　　　　　　　文字编辑：朱　允
责任校对：杜杏然　　　　　　　　　　　装帧设计：王晓宇

出版发行：化学工业出版社（北京市东城区青年湖南街 13 号　邮政编码 100011）
印　　装：河北延风印务有限公司
787mm×1092mm　1/16　印张 15　字数 277 千字　2025 年 7 月北京第 1 版第 1 次印刷

购书咨询：010-64518888　　　　　　　　售后服务：010-64518899
网　　址：http://www.cip.com.cn
凡购买本书，如有缺损质量问题，本社销售中心负责调换。

定　　价：40.00 元

前言
PREFACE

随着科技不断进步，越来越多的分析仪器被应用到分析检测中，气相色谱仪、高效液相色谱仪、原子吸收分光光度计、原子荧光光谱仪以及离子色谱仪等大型精密仪器得到广泛应用，学会使用这些仪器检测各种项目对于分析工作者尤为重要。加强大型精密仪器分析实验教学是全面提高学生素质、使学生适应分析技术发展需求的一个重要手段。

《样品的大型精密仪器分析》的编写源于广西壮族自治区职业教育"工业分析与检验专业（群）发展研究基地"建设项目，目的是提高学生大型分析仪器的操作技能，探索具有地区特色的人才培养模式，实现专业群资源共享，开发基于以工作过程为导向的专业核心课程一体化教学工作页，并在区内其他职业院校推广工作页教学。

本书编写时充分考虑广西区域经济发展的需求并兼顾专业群中各专业的特点和需要，分别选择分析检验技术专业两个代表性学习任务、食品安全与检测技术专业三个代表性学习任务和环境监测技术专业两个代表性学习任务作为学习内容。内容尽量对接实际工作场景，以工作为导向，充分调动学生学习的主动性，培养学生的职业能力和综合素质，实现做中学、学中做，学以致用，并辅以相应的操作视频以便于学生学习。同时，本书结合教学内容和活动环节，深入、广泛挖掘思政元素，通过人物、案例介绍，将家国情怀、技能成才、工匠精神、创新意识和安全环保意识等内容融入教材中，实现了专业技能培养和素质教育的融合。

本书由广西工业技师学院邓恒俊和陆桂梅主编，凌华级、覃思参编，凌华级主审。其中绪论、学习任务一、学习任务三、学习任务四和学习任务五由邓恒俊编写，学习任务二、学习任务六、学习任务七、拓展学习任务由陆桂梅编写。全书由陆桂梅统稿。

本书编写过程中得到广西工业技师学院领导、黄凌凌老师以及南宁蓝天实验设备有限公司、广西益谱检测技术有限公司、桂林蓝港科技有限公司等企业的大力支持与帮助，在此一并表示衷心的感谢。

由于编者水平有限，书中难免有不足之处，恳请读者批评指正，不胜感激！

编　者
2024 年 2 月

目录
CONTENTS

绪　论

一、仪器分析法的定义

仪器分析法是以仪器测量物质的物理化学性质为基础的分析方法。

随着科技不断进步，仪器分析发生了深刻的变化，越来越多的仪器分析法被应用到分析检测中，仪器分析正起着越来越重要的作用。因此，仪器分析方法的基本原理、仪器分析的实验技术已成为分析工作者必备的基础知识和基本技能。

二、仪器分析法的分类

仪器分析法有很多，目前已有数十种，按照所测量的物理量不同进行分类，可分为光学分析法、电化学分析法、色谱分析法、质谱分析法、热学分析法、放射化学分析法和电镜分析法等，其中以光学分析法、电化学分析法及色谱分析法的应用最为广泛。常用仪器分析法分类见表 0-1。

表 0-1　常用仪器分析法分类

方法类型	测量参数或有关性质	相应的分析方法
光学分析法	辐射的发射	原子发射光谱法
	辐射的吸收	原子吸收光谱法、紫外-可见吸收光谱法、红外吸收光谱法、原子荧光光谱法、核磁共振波谱法
	辐射的散射	浊度法、拉曼光谱法
	辐射的衍射	电子衍射法、X 射线衍射法
电化学分析法	电导率	电导法
	电流	电流滴定法
	电位	电位分析法
	电量	库仑分析法
	电流-电压	极谱法、伏安法

续表

方法类型	测量参数或有关性质	相应的分析方法
色谱分析法	两相间分配	气相色谱法、高效液相色谱法、离子色谱法
其他分析法	热性质	热重法
	高能电子束、成像	电镜分析法
	质荷比	质谱法

三、仪器分析的特点

（1）分析速度快　适于批量试样的分析，许多仪器配有连续自动进样装置，采用数字显示和计算机技术，可在短时间内分析几十个样品。

（2）灵敏度高　仪器分析法的检出限一般都在 $10^{-6}\sim10^{-9}$ 级，有的甚至可达 10^{-12} 级，适于微量成分的测定。

（3）样品用量少　测定时有时只需数微升或数微克样品，甚至可用于样品无损分析。

（4）选择性好　许多仪器分析法可通过选择或调整测定条件，不经分离而同时测定混合物的组分，可适用于复杂物质的分析。

（5）容易实现在线分析和遥控监测　远程实时测定某种物理量并转化为电学参数，使分析仪器容易与计算机连接，实现实时监测。

（6）应用范围广泛　除了用于定性分析、定量分析外，仪器分析还可用于结构分析、价态分析、表面微区分析等。

仪器分析法也存在一定局限性，如仪器设备复杂，价格和维护费用比较昂贵，对环境要求高；对于有些常量及高含量分析，相对误差较大；需要标准物质来对照。

仪器分析法应与化学分析法取长补短，相互配合。检测时应根据具体情况选择合适的测定方法，才能更好地解决分析化学工作中的各种实际问题。

四、仪器分析的发展

1. 仪器分析的发展过程

阶段一：16 世纪～20 世纪初，天平的出现使分析化学具有了科学的内涵，化学分析占主导地位，仪器分析简单、种类少、精度低。

阶段二：20 世纪 40 年代后，仪器分析得到快速发展，已可使用特定的传感器把测定的物理或化学性质转化为电信号，然后用电子线路将电信号再转化为数据，但自动化程度较低。

阶段三：1960 年以后随着微型计算机的应用，计算机与已有的分析仪器结合，用来处理数据。通过计算机的程序输入简单的指令，并由计算机驱使分析仪器自动处于最佳操作条件，并监控输出的数据。一般要求工作者必须对计算机十分熟悉才能使用这类系统。

阶段四：20 世纪 80 年代，微处理机芯片制造成功，进一步促进了第四代分析仪器的产生。红外光谱仪及核磁共振仪相继出现，主要通过计算机直接操作并处理结果。有时可以用一台计算机同时控制几台分析系统，键盘及显示屏代替了控制钮及数据显示器等。

阶段五：20 世纪 90 年代至今，计算机的性能不断改进，可以采用功能十分完善的个人计算机来控制分析仪器，因此分析工作中必不可少的制样、进样过程都可以自动进行。样品在不同设备中的移动可以用诸如流动注射或机器人进行操作。高效的图像处理可以让工作及监控分析过程自动进行，并为之提供报告及结果的储存。

2. 仪器分析的发展趋势

仪器分析正向智能化、数字化方向发展，主要表现为：基于微电子技术和计算机技术的应用实现仪器分析的自动化；通过计算机控制和数字模型进行数据采集、运算、分析处理，提高分析仪器数据处理能力；数字图像处理系统实现了分析仪器数字图像处理功能的发展；分析仪器的联用技术向测试超高速化、分析试样超微量化、分析仪器超小型化的方向发展。总之，仪器分析将不断吸取数学、物理、计算机科学以及生物学中的新思想、新概念、新方法和新技术，改进并完善现有的仪器分析方法，向快速、准确、自动、灵敏及适应特殊分析的方向迅速发展。

地下水中钙和镁的测定

　　钙、镁离子是地下水中常见的金属离子，通常用水的硬度来表示钙、镁含量；中国《生活饮用水卫生标准》中规定，水的总硬度不能过大，否则会对人体健康与日常生活造成一定影响。不经常饮硬水的人偶尔饮硬水，易造成肠胃功能紊乱，即所谓"水土不服"。过量的钙、镁离子还会导致体内结石；用硬水烹调鱼肉、蔬菜，常因不易煮熟而破坏或降低营养价值；未处理过的硬水中的钙离子很容易结成固体碳酸钙（即水垢），降低肥皂和清洁剂的洗涤效果，洗浴后皮肤粗糙、头发凌乱无光泽，洗出来的衣服发暗、僵硬等。工业上，如果将未经过软化处理的硬水直接注入锅炉，则当加热锅炉时，钙、镁离子便形成碱式碳酸盐沉淀析出，在锅炉内壁及管道中积成水垢，降低锅炉热导率，增加能耗，严重时会引起锅炉爆炸和管道堵塞。由于硬水问题，工业上每年因设备、管线的维修和更换要耗资数千万元。所以，水中的钙和镁含量是评价水质的重要指标之一。

任务描述

　　某检测技术有限公司业务室接到绿城水务委托的检测任务，委托方根据业务室提供的检测委托单填写样品信息。业务室审核确认检测室有该资质及能力分析此项目后，将委托单流转至检测室，由检测室主任审核批准同意分析该样品。业务室将样品交给样品管理员，样品管理员根据项目安排派发检测任务。理化检验室检测员根据检测任务分配单各自领取实验任务，按照样品检测分析标准进行分析。实验结束后两个工作日内，检测员将分析数据交给检测室主任审核，数据没问题则流转到报告编制员手中编制报告，报告编制完成后流转到报告一审、二审人员，最后流转到报告签发人手中审核签发。

　　作为检测员的你，接到的检测任务是送检水样钙和镁的测定。请你按照水质标准要求，制定检测方案，完成分析检测，并出具检测报告。要求在样品送检当日完成钙和镁的测定，结果的重复性要求为±0.5mg/L。工作过程符合

HSE 规范要求，检测过程符合 GB 11905—89《水质　钙和镁的测定　原子吸收分光光度法》标准要求。

 任务目标

完成本学习任务后，应当能够：

① 正确制备样品。

② 陈述火焰原子吸收分光光度法的测定方法和原理。

③ 依据分析标准和学校实验条件，以小组为单位制订实验计划，在教师引导下进行可行性论证。

④ 服从组长分工，独立做好分析仪器准备和实验用溶液的配制工作。

⑤ 独立完成水样钙和镁的测定，检测结果符合要求后出具检测报告。

⑥ 在教师引导下，对测定过程和结果进行初步分析，提出个人改进措施。

⑦ 按 HSE 要求，做好实验前、中、后的物品管理和操作安全等工作。

⑧ 通过学习，培养环保意识。

⑨ 养成终身学习的良好习惯。

 建议学时

30 学时

 明确任务

一、识读任务委托单

任务名称	地下水中钙、镁的检测		委托单编号	
检测性质	□监督性检测　□竣工验收检测　□委托检测　☑来样分析　□其他检测:			
委托单位:		地址:	联系人:	联系电话:
受检单位:		地址:	联系人:	联系电话:

续表

检测地点：					委托时间：	要求完成时间：

	类别	序号	检测点位	检测/分析项目（采样依据）	检测频次	执行标准
检测工作内容	环境空气	1				—
	□废水 □污水 □地表水 ☑地下水	2		□pH 值　□悬浮物　□化学需氧量 □氨氮　□总氮　□总磷　□溶解氧 □石油类　□硝酸盐氮 □生化需氧量　□亚硝酸盐氮 □挥发酚　□硫酸盐　□氰化物 ☑总硬度　□硫化物　□砷 □阴离子表面活性剂　□氯化物 □铬　□氟化物　□六价铬　□汞 □高锰酸盐指数　□镉　□铅　□铜 □锌　□其他（　　　） 采样依据：	连续检测3天,每天采样1次	GB 11905—89
	环境噪声	3				—
任务下达	业务室签名：　　　　　　　　　年　　月　　日					
质控措施	采样质控:□检测前、后校准仪器(□流量　□标气　□噪声)　□现场空白 ☑现场 10%平行样(明码)　□其他 室内分析质控：□加标　☑10%平行双样　□质控样　□其他： 质量保障部签名：　　　　　　　年　　月　　日					
任务批准	注意事项： 检测室签名：　　　　　　　　　年　　月　　日					
备注：						

二、根据委托单叙述任务要素

小知识

天然水中，雨水属于软水，普通地面水硬度不高，但是地下水的硬度较高。水的硬度测定是水质质量控制的重要指标之一。

1. 地下水采样的要求

采集的水样具有代表性，不能受到污染。对于泉水和自留井，可在涌水处直接采样。已有的井水，分为三种情况：一是经常抽水的水井，可在排除泵管

内水后直接采样；二是较少抽水的水井，应在抽出井管内滞留水柱体积的 2～5
倍水后采样；三是很少抽水的水井，出现井管锈蚀或水体浑浊的情况，应抽水
直至满足采样要求。作为生活饮用水集中供水的地下水井逢每年丰水期和枯水
期各采样一次，全年两次。

2. 水样的采集与贮存

　　水样的采集与贮存宜使用硬质玻璃或聚乙烯塑料瓶，采样瓶先用无磷洗涤
剂洗净一次，自来水清洗 3 次，蒸馏水冲洗后，用甲醇清洗后吹干。采样时要
先用待采集的水将预先洗净的瓶子冲洗 2～3 次，于 24h 内进行分析检测或者在
水样中加硝酸，调节 pH 值＜2，可在 30 天内完成检测。采样量最少 250mL，
方能满足检测要求。

绿水青山就是金山银山

　　党的二十大报告指出"推动绿色发展，促进人与自然和谐共生""践行绿
水青山就是金山银山的理念"。我们要不断深化对生态文明建设规律的认识，
形成新时代中国特色社会主义生态文明思想，经过顽强努力，使我国天更蓝、
水更清，加大生态系统保护力度，切实加强生态保护修复监管，拓宽绿水青山
转化金山银山的路径，为子孙后代留下山清水秀的生态空间。

一、认识地下水

看一看

　　地下水作为地球上重要的水体，与人类社会有着密切的关系。地下水的贮

存有如在地下形成一个巨大的水库，以其稳定的供水条件、良好的水质，而成为农业灌溉、工矿企业生产以及城市生活用水的重要水源，成为人类社会必不可少的重要水资源。尤其是在地表缺水的干旱、半干旱地区，地下水常常成为当地的主要水源。

地下水与人类的关系十分密切，井水和泉水是日常使用最多的地下水，地下水可作为居民生活用水、工业用水和农田灌溉用水的水源。地下水具有给水量稳定、污染少的优点。含有特殊化学成分或水温较高的地下水，还可用作医疗、热源和提取有用元素的原料。不过，地下水也会造成一些危害，在矿坑和隧道掘进中，可能发生大量涌水，给工程造成危害。在地下水位较浅的平原、盆地中，潜水蒸发可能引起土壤盐渍化；在地下水位高、土壤长期过湿、地表滞水地段，可能产生沼泽化，给农作物造成危害。地下水过多，会引起铁路、公路塌陷，淹没矿区坑道，形成沼泽地等。同时，需要注意的是，地下水有一个总体平衡问题，不能盲目和过度开发，否则容易造成地下空洞、地层下陷等问题。

过量开采和不合理地利用地下水，常常造成地下水位严重下降，形成大面积的地下水下降漏斗，在地下水用量集中的城市地区，还会引起地面沉降。此外，工业废水与生活污水的大量渗入，常常严重污染地下水源。

东北地区重工业和油田开发区地下水污染严重。东北地区的地下水污染，不同地区有不同特点。主要污染物为亚硝酸盐氮、氨氮、石油类、挥发性酚等，各大中城市地下水的污染程度不同。

华北地区地下水污染普遍呈加重趋势。华北地区地下水污染比较普遍，主要污染组分有硝酸盐氮、氰化物、铁、锰、石油类等。此外，该区地下水总硬度和矿化度超标严重，大部分城市和地区的总硬度超标，其中，北京、太原、呼和浩特等城市污染较重。

西北地区地下水受人类活动影响相对较小，污染较轻。内陆盆地地区的主要污染组分有硝酸盐氮、亚硝酸盐氮、铬、铅等。

南方地区地下水水质总体较好，但局部地区污染严重。西南地区的主要污染指标有亚硝酸盐氮、氨氮、铁、锰、挥发性酚等，污染组分呈点状分布于城镇、乡村居民点，污染程度较低，范围较小。中南地区主要污染指标有亚硝酸盐氮、氨氮、汞、砷等，污染程度低。东南地区主要污染指标有硝酸盐氮、氨氮、汞、铬、锰等，地下水总体污染轻微，但城市及工矿区局部地域污染较重，特别是长江三角洲地区、珠江三角洲地区经济发达，浅层地下水污染普遍。华南地区整体水质硬度较低，广西壮族自治区因受地质环境影响水质硬度较高。

 写一写

1. 中国哪个地区地下水总硬度超标最严重？

2. 地下水硬度过大会造成哪些影响？

二、水中钙、镁含量测定的方法

看一看

水中钙、镁含量测定的方法有 EDTA 滴定法、电位滴定法、偶氮氯膦分光光度法、原子吸收法、离子色谱法等。EDTA 滴定法测定水中钙、镁离子含量具有普遍性，适用于测定地下水和地面水中钙、镁的总量，不适用于测定含盐量高的水，如海水，其最低测定浓度为 0.05mmol/L，低于该浓度的水质不能用该方法测定。电位滴定法适用于卤水中钙、镁的测定，钙的检测限为 0.153mg/L，测定范围 3.06～200000mg/L，镁的检测限为 0.112mg/L，测定范围 2.24～200000mg/L。原子吸收法测钙、镁的检测限，钙离子为 0.02mg/L，镁离子为 0.003mg/L；测定上限钙离子为 7.00mg/L，镁离子为 0.050mg/L。

写一写

要测定华南地区井水的钙、镁含量，应该选择什么方法进行测定？

三、原子吸收分光光度法的测定原理和仪器构造

 看一看

（一）原子吸收分光光度法的基本原理

原子吸收分光光度法（AAS）简称原子吸收法，是利用被测元素基态原子蒸气对其共振辐射线的吸收特性进行元素定量分析的方法。

原子吸收分光光度法的测量对象是呈原子状态的金属元素和部分非金属元素，是由待测元素灯发出的特征谱线通过供试品经原子化产生的原子蒸气时，被蒸气中待测元素的基态原子所吸收，通过测定辐射光强度减弱的程度，求出供试品中待测元素的含量。原子吸收一般遵循朗伯-比尔定律，通常比较对照品溶液和供试品溶液的吸光度，求得供试品中待测元素的含量。

（二）原子吸收分光光度计的基本结构

原子吸收分光光度计由光源、原子化系统、分光系统（单色器）和检测系统四部分组成（图1-1）。

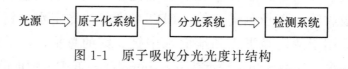

图 1-1　原子吸收分光光度计结构

1. 光源

光源的作用是发射被测元素的特征光谱。对光源的要求包括：光源必须能发射出比吸收线宽度更窄的光谱；光源的发光强度大而稳定、背景值低、噪声小；光源的使用寿命长。为了提供锐线光源，通常使用空心阴极灯或无极放电灯。

（1）空心阴极灯　空心阴极灯是一种特殊的气体放电灯，它是一个封闭的气体放电管。用被测元素纯金属或合金制成圆柱形空心阴极，用钨或钛、锆做成阳极。灯内充氖或氩惰性气体，压力为数百帕。发射线波长在350.0nm以下的用石英窗口，350.0nm以上的用光学玻璃窗口。如图1-2所示。

（2）无极放电灯　无极放电灯的发射强度比空心阴极灯高100～1000倍，特别适用于难激发元素的测定。

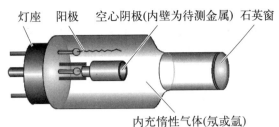

图 1-2　空心阴极灯结构图

2. 原子化系统

将试样中待测元素变成气态的基态原子的过程，称为试样的"原子化"。完成试样的原子化所用的设备称为原子化器或原子化系统。试样中被测元素原子化的方法主要有火焰原子化法和非火焰原子化法两种。测定地下水中钙、镁含量使用的原子化系统为火焰原子化系统。

火焰原子化包括两个步骤：

① 雾化阶段：将溶液变成细小雾滴。

② 原子化阶段：使雾滴接受火焰供给的能量形成基态原子。

火焰原子化器（图 1-3）的基本结构由雾化器、雾化室（预混合室）和燃烧器组成。火焰原子化过程包括雾化和原子化两个阶段。雾化阶段是将样品溶液变成小雾滴。原子化阶段是使雾滴接受火焰供给的能量形成基态原子。

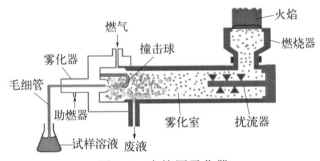

图 1-3　火焰原子化器

雾化器的作用：将试液雾化为微小的雾滴。

预混合室的作用：进一步细化雾滴，并使之与燃料气均匀混合后进入火焰。

燃烧器的作用：使燃气在助燃气的作用下形成火焰，使进入火焰的试样微粒原子化。

火焰原子化器主要采用化学火焰，常用的化学火焰主要有以下几种：

（1）空气-煤气火焰　这种火焰温度大约 1900℃，适用于分析生成的化合物易挥发、易解离的元素。如碱金属、Cu、Zn 等。

（2）空气-乙炔火焰　这是一种应用最广的火焰，最高温度为 2300℃，能进行 35 种以上元素的测定。

（3）N₂O-乙炔火焰　这种火焰燃烧速度低，温度达 3000℃，大约可测 70 种元素，是目前广泛应用的高温化学火焰，对能生成难熔氧化物的元素都有较好的灵敏度。

（4）空气-氢火焰　这是一种无色低温火焰，适用于测定易电离的金属元素，尤其适合测定 As、Se 和 Sn 等元素。

3. 分光系统

分光系统由凹面反射镜、狭缝和色散原件组成。单色器的色散组件为棱镜或衍射光栅，其作用是将待测元素的共振线与邻近的谱线分开。光栅放置在原子化器之后，以阻止来自原子化器内的所有不需要的辐射进入检测器。

4. 检测系统

检测系统由检测器（光电倍增管）、放大器、对数转换器和显示装置四部分组成，它可将单色器射出的光信号转换成电信号后进行测量。

四、仪器的使用

 看一看

扫码观看视频，记录操作要点。

火焰原子吸收分光光度法测定地下水中钙和镁含量

 写一写

查阅资料，结合操作视频补充完善火焰原子吸收分光光度计测定钙、镁含量的操作步骤。

序号	操作流程	操作图示	操作步骤及注意事项
1	样品预处理和溶液制备		1. 采集样品后,立即加入浓度为_____的_____,将样品酸化至 pH 为_____。 2. 配制浓度为 0.1g/mL 的镧溶液：称取氧化镧_____g,加（1＋1）HNO₃ 溶解后,定容至_____mL

续表

序号	操作流程	操作图示	操作步骤及注意事项
1	样品预处理和溶液制备	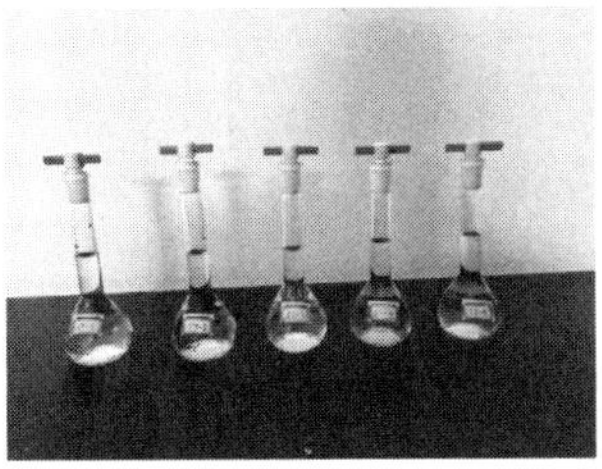	1. 配制钙、镁混合标准系列溶液 （1）配制_____ mg/L 的钙标准储备液，_____ mg/L 的镁标准储备液。 （2）配制_____ mg/L 的钙、镁标准使用液。 （3）配制钙、镁标准系列溶液 配制浓度分别为_____、_____、_____、____、_____、_____ 的钙、镁标准溶液
2	仪器准备	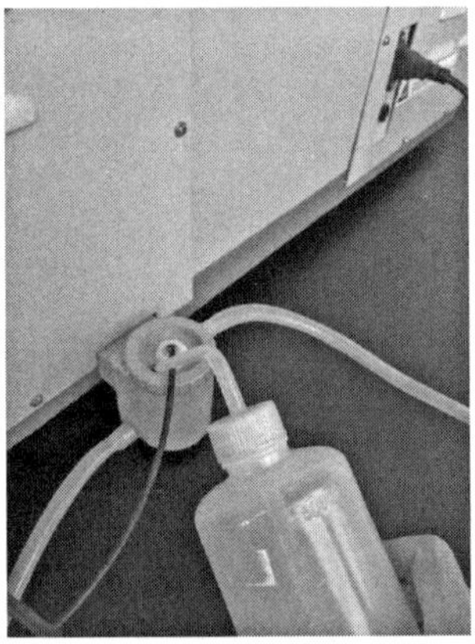 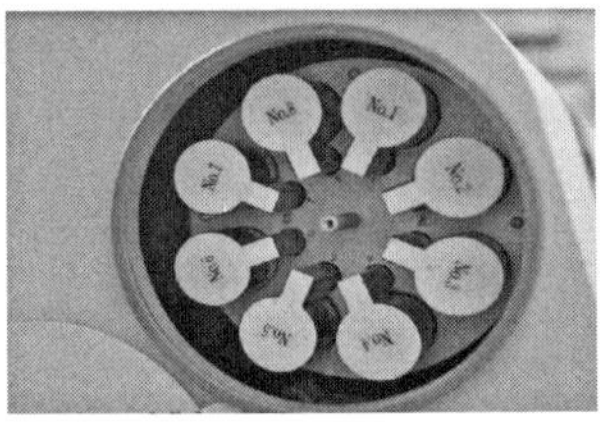	1. 检查仪器各部件 （1）按照操作指南仔细检查仪器各部件，检查各气路接口是否安装正确、气密性是否良好。 （2）检查_____。 2. 安装元素灯 （1）根据检测任务选择____、____元素灯。 （2）将空心阴极灯安装到插座上。 打开灯室门，拧开回转元素灯架的固定螺钉，将灯装入灯室，记住灯的_____，拧紧灯座固定螺丝，关好灯室门
3	样品测量	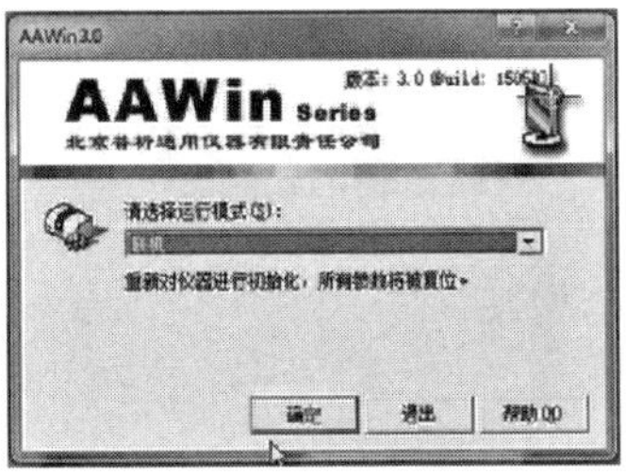	1. 打开电脑主机，打开仪器电源开关。 2. 双击电脑桌面软件图标。 3. 系统进入初始化阶段，仪器自检。 （1）选择工作灯和预热灯：选择____和_____作为工作灯和预热灯。 （2）设置元素测定参数：该界面的参数为优化参数，该步骤无须更改参数。 （3）设置测量波长，点击_____，系统将对能量最大点的峰值进行标记，将该波长作为该元素的工作波长

序号	操作流程	操作图示	操作步骤及注意事项
3	样品测量	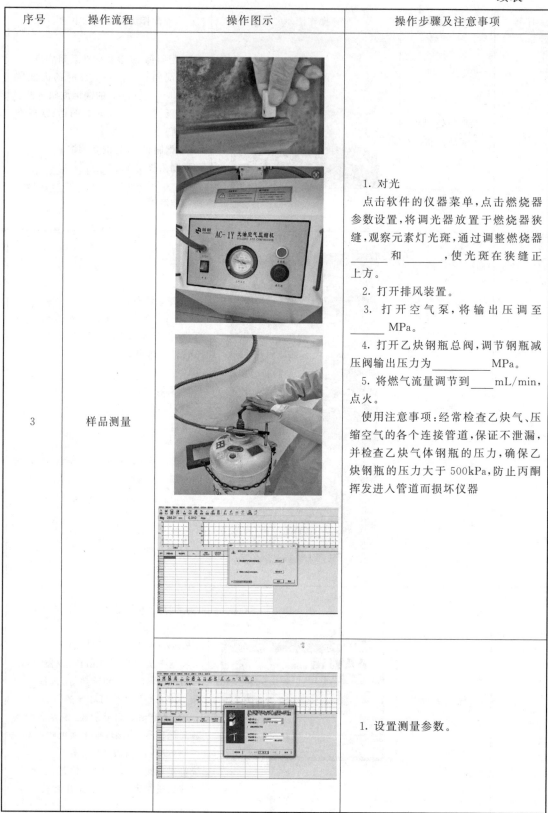	1. 对光 点击软件的仪器菜单,点击燃烧器参数设置,将调光器放置于燃烧器狭缝,观察元素灯光斑,通过调整燃烧器_____和_____,使光斑在狭缝正上方。 2. 打开排风装置。 3. 打开空气泵,将输出压调至_____MPa。 4. 打开乙炔钢瓶总阀,调节钢瓶减压阀输出压力为_____MPa。 5. 将燃气流量调节到____mL/min,点火。 使用注意事项:经常检查乙炔气、压缩空气的各个连接管道,保证不泄漏,并检查乙炔气体钢瓶的压力,确保乙炔钢瓶的压力大于500kPa,防止丙酮挥发进入管道而损坏仪器
			1. 设置测量参数。

序号	操作流程	操作图示	操作步骤及注意事项
3	样品测量	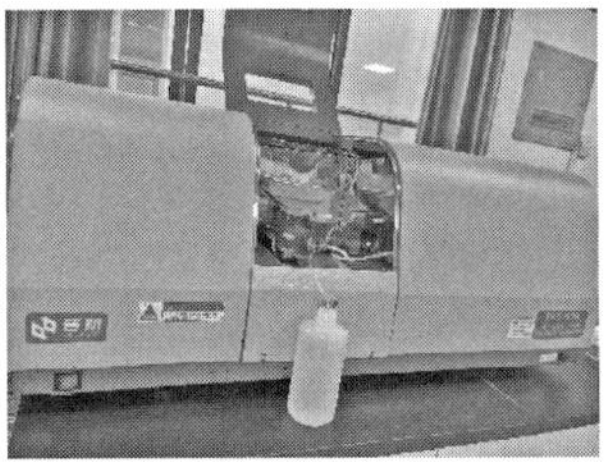 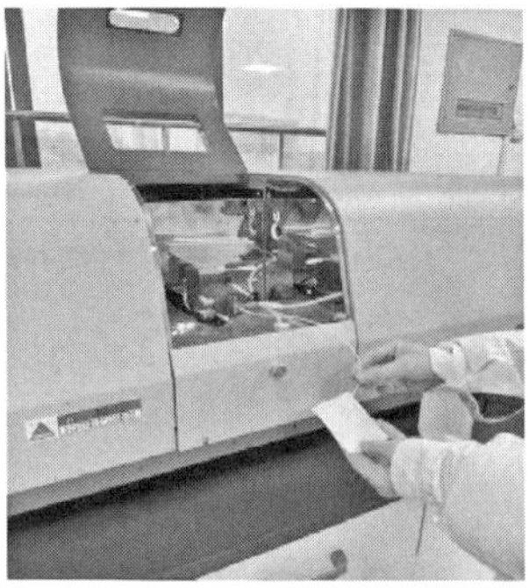 	2. 吸喷_____,点击"校零",使仪器显示吸光度为零。 3. 将毛细管提出,用_____擦去水分。 4. 将毛细管插入试样溶液中,待吸光度稳定后读取并记录数据
4	结束工作	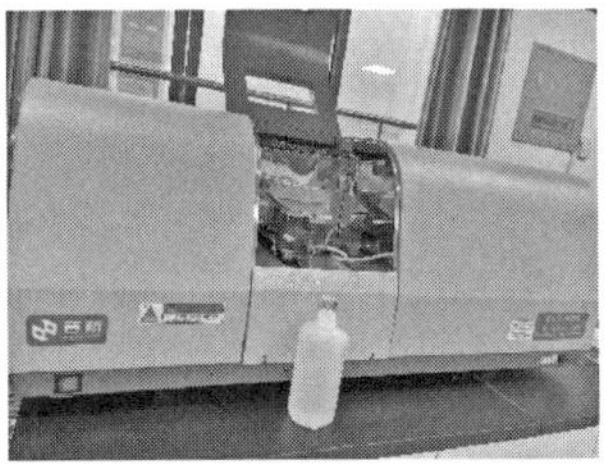 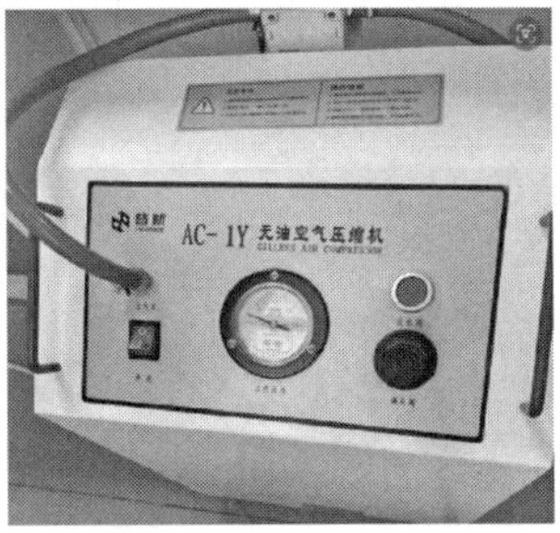	1. 测量完毕应吸喷去离子水_____ min。 2. 关机时先关闭_____钢瓶总阀,关闭____开关,关闭气路电源开关,待关闭空气压缩机并释放剩余气体后再关闭排风装置

续表

序号	操作流程	操作图示	操作步骤及注意事项
4	结束工作		

制订与审核计划

活动 三

一、查找与阅读标准

查阅 GB 11905—89《水质　钙和镁的测定　原子吸收分光光度法》，回答以下问题。

1. 地下水中钙、镁含量的测定采用哪种方法？该方法的测定范围和最低浓度是多少？

2. 上述方法测定地下水中钙、镁含量有哪些干扰？如何去除？

二、制订实验计划

依据 GB 11905—89《水质　钙和镁的测定　原子吸收分光光度法》，结合学校的实验条件，以小组为单位，讨论并制订水中钙、镁含量测定的实验计划。

1. 根据小组用量，填写试剂准备单

序号	试剂名称	等级或浓度	数量	配制方法

2. 检查本次任务用到的危险化学品，填写危险化学品清单

化学品名称	危险性说明	应急处置措施	领用要求及注意事项

3. 根据个人需要，填写仪器使用清单

序号	仪器名称	规格	数量	仪器维护情况

4. 列出主要分析步骤，合理分配时间，填写工作计划表

序号	主要步骤	所需时间	操作要点及注意事项

续表

序号	主要步骤	所需时间	操作要点及注意事项

三、审核实验计划

（1）组内讨论，形成小组实验计划。

（2）各小组展示实验计划（海报法或照片法），并做简单介绍。

（3）小组之间互相点评，记录其他小组对本小组的评价意见。

（4）结合教师点评，修改完善本组实验计划。

评价小组	计划制订情况（优点和不足）	小组互评分	教师点评
平均分：			

注：1. 小组互评可从计划的完整性、合理性、条理性等方面进行评价。

2. 对其他小组的实验计划进行排名，按名次分别计 10 分、9 分、8 分、7 分、6 分。

素质拓展阅读

终身学习

终身学习是指社会每个成员为适应社会发展和实现个体发展的需要，贯穿于人的一生的，持续的学习过程。即人们常说的"活到老，学到老"或者"学无止境"。在当今社会、教育和生活背景下，终身学习理念得以产生，它具有终身性、全民性、广泛性等特点。终身教育和终身学习提出后，各国普遍重视并积极实践。终身学习启示我们要树立终身教育思想，学会学习，养成主动的、不断探索的、自我更新的、学以致用的良好学习习惯。

实施计划

一、组内分工，准备仪器和配制溶液

序号	任务内容	负责人
1	领取实验所需的化学试剂	
2	领取实验所需的容量瓶、吸量管等玻璃仪器	
3	检查气体管路的气密性	
4	检查仪器的状态	
5	配制标准溶液	

二、仪器的使用维护

打开仪器前，检查：□已检查气路　　　　　　　□未检查气路
　　　　　　　　　□已检查排水安全联锁装置　□未检查排水安全联锁装置
　　　　　　　　　□已更换元素灯　　　　　　□未更换元素灯

使用仪器前，检查：□已打开乙炔　　　　　　　□未打开乙炔
　　　　　　　　　□已打开空气　　　　　　　□未打开空气
　　　　　　　　　□已调节燃烧器位置　　　　□未调节燃烧器位置

关闭仪器前，检查：□已关闭乙炔　　　　　　　□未关闭乙炔
　　　　　　　　　□已关闭空气　　　　　　　□未关闭空气

三、样品测量，填写数据记录表

检验日期_____　实验开始时间_____　结束时间_____　室温_____℃

水中镁含量的测定记录表格

样品名称		测定时间		年　月　日	
仪器条件	波长		nm	灯电流	
	燃气流量		mL/min	燃烧器高度	

续表

标准溶液配制	氧化镁质量/g	m_1				
		m_2				
		m				
	定容体积/mL					
	Mg 标准贮备液浓度/(mg/L)					
标准曲线绘制	移取贮备溶液体积/mL					
	定容体积/mL					
	稀释倍数					
	Mg 标准使用溶液浓度/(mg/L)					
	Mg 标准使用溶液移取体积/mL					
	Mg 浓度/(mg/L)					
	吸光度					
	线性回归方程					
	相关系数					
样品测定	标准曲线查得 Mg 的含量/(mg/L)					
	稀释倍数					
	样品中 Mg 的含量/(mg/L)					
	平均值/(mg/L)					
	平行测定结果相对极差/%					

地下水中钙含量的测定记录表格

样品名称			测定时间		年 月 日	
仪器条件	波长		nm	灯电流		
	燃气流量		mL/min	燃烧器高度		
标准溶液配制	碳酸钙质量/g	m_1				
		m_2				
		m				
	定容体积/mL					
	Ca 标准贮备液浓度/(mg/L)					

续表

标准曲线绘制	移取贮备溶液体积/mL					
	定容体积/mL					
	稀释倍数					
	Ca标准使用溶液浓度/(mg/L)					
	Ca标准使用溶液移取体积/mL					
	Ca浓度/(mg/L)					
	吸光度					
	线性回归方程					
	相关系数					
样品测定	标准曲线查得Ca的含量/(mg/L)					
	稀释倍数					
	样品中Ca的含量/(mg/L)					
	平均值/(mg/L)					
	平行测定结果相对极差/%					

检验员 _____　　　　　　　　　　复核员 _____

四、数据处理过程及结果判定

1. 列出待测样品中钙、镁含量的计算过程，按标准要求保留有效数字。

2. 据 GB/T 14848—2017《地下水质量标准》给出检测结论。

GB/T 14848—2017
《地下水的质量标准》

检查与改进

一、分析实验完成情况

1. 操作是否符合规范要求

（1）正确说出原子吸收分光光度计的主要部件。　□是　　□否

（2）正确检查气路气密性和水封。　□是　　□否

（3）正确使用乙炔钢瓶。　□是　　□否

（4）正确安装空心阴极灯。　□是　　□否

（5）每次测量后用去离子水调零并用滤纸擦去水分。　□是　　□否

（6）测量完毕吸喷去离子水 5min。　□是　　□否

（7）正确设置仪器参数。　□是　　□否

（8）正确配制系列标准溶液。　□是　　□否

（9）按要求进行空白试验。　□是　　□否

（10）规范填写仪器使用记录。　□是　　□否

2. 实验数据记录和处理是否规范正确

（1）正确填写记录表各要素。　□是　　□否

（2）正确记录实验数据，无不规范涂改。　□是　　□否

（3）正确保留有效数字。　□是　　□否

（4）正确计算实验数据。　□是　　□否

3. HSE 执行情况及工作效率

（1）按要求穿戴工作服和防护用品。　□是　　□否

（2）废液、废固按要求处理。　□是　　□否

（3）无仪器损坏。　□是　　□否

（4）未发生安全事故（灼伤、烫伤、割伤等）。　□是　　□否

（5）实验中仪器摆放整齐。　□是　　□否

（6）实验后，清洗仪器、整理桌面。　□是　　□否

（7）在规定时间内完成实验，用时＿＿＿＿min。　□是　　□否

4. 教师汇总并点评全部实验结果

（1）本人测定钙含量的标准曲线相关系数＿＿＿＿＿＿，有效结果的平均

值是＿＿＿＿＿＿，平行测定结果相对极差是＿＿＿＿＿＿，是否符合重复性要求＿＿＿＿＿＿。

（2）本人测定镁含量的标准曲线相关系数＿＿＿＿＿＿，有效结果的平均值是＿＿＿＿＿＿，平行测定结果相对极差是＿＿＿＿＿＿，是否符合重复性要求＿＿＿＿＿＿。

（3）全班有效测定结果钙的平均值是＿＿＿＿＿＿，本人测定结果钙含量是＿＿＿＿＿＿，本人测定结果＿＿＿＿＿＿＿＿（偏高、偏低），相差＿＿＿＿＿＿＿＿＿＿＿。

（4）全班有效测定结果镁的平均值是＿＿＿＿＿＿，本人测定结果镁含量是＿＿＿＿＿＿，本人测定结果＿＿＿＿＿＿＿＿（偏高、偏低），相差＿＿＿＿＿＿＿＿＿＿＿。

二、列出存在的问题，改进后再次实验

1. 列出实验过程中存在的问题及改进措施。

2. 再次实验，并撰写检验报告。

根据实验完成情况分析，进一步规范自身操作，减少系统误差和偶然误差，提高分析结果的精密度和准确度，同时撰写电子版检测报告。

小知识

1. 第三方检测机构常见的委托单、原始记录和报告单

请扫描二维码了解。

检测机构常见的委托单、原始记录和报告单

2. 原子吸收分光光度法的定量方法

（1）标准曲线法　在仪器推荐的浓度范围内，制备含待测元素的对照品溶液至少 3 份，浓度依次递增，并分别加入各品种项下制备供试品溶液的相应试剂，同时以相应试剂制备空白对照溶液。将仪器按规定启动后，依次测定空白对照溶液和各浓度对照品溶液的吸光度，记录读数。以每一浓度 3 次吸光度读数的平均值为纵坐标，相应浓度为横坐标，绘制标准曲线。按各品种项下的规定制备供试品溶液，使待测元素的估计浓度在标准曲线浓度

范围内，测定吸光度，取 3 次读数的平均值，从标准曲线上查得相应的浓度，计算元素的含量。

（2）标准加入法　取同体积按各品种项下规定制备的供试品溶液 4 份，分别置 4 个同体积的量瓶中，除 1 号量瓶外，其他量瓶中分别精密加入不同浓度的待测元素对照品溶液，分别用去离子水稀释至刻度，制成浓度从零开始递增的一系列溶液。按上述标准曲线法自"将仪器按规定启动后"操作，测定吸光度，记录读数；将吸光度读数与相应的待测元素加入量作图，延长此直线至与含量轴的延长线相交，此交点与原点间的距离即相当于供试品溶液取用量中待测元素的含量。再以此计算供试品中待测元素的含量。此法仅适用于第一法标准曲线呈线性并通过原点的情况。当用于杂质限度检查时，取供试品，按各品种项下的规定，制备供试品溶液；另取等量的供试品，加入限度量的待测元素溶液，制成对照品溶液。照上述标准曲线法操作，设对照品溶液的读数为 a，供试品溶液的读数为 b，b 值应小于（$a-b$）。

评价与反馈

一、个人任务完成情况综合评价

评价项目及标准		配分	自评	互评	师评
学习态度	1. 按时上、下课，无迟到、早退或旷课现象	20			
	2. 遵守课堂纪律，无睡觉、看课外书、玩手机、闲聊等现象				
	3. 学习主动，能自觉完成老师布置的预习任务				
	4. 认真听讲，不走神或发呆				
	5. 积极参与小组讨论，发表自己的意见				
	6. 主动代表小组发言或展示操作				
	7. 发言时声音响亮，表达清楚，展示操作较规范				
	8. 听从组长分工，认真完成分派的任务				
	9. 按时、独立完成课后作业				
	10. 及时填写工作页，书写认真、不潦草				
	一个否定选项扣 2 分				

续表

	评价项目及标准		配分	自评	互评	师评
操作规范	1. 正确说出原子吸收分光光度计的主要部件		20			
	2. 正确检查气路气密性和水封					
	3. 正确使用乙炔钢瓶					
	4. 正确安装空心阴极灯					
	5. 每次测量后用去离子水调零并用滤纸擦去水分					
	6. 正确设置仪器参数					
	7. 正确配制标准系列溶液					
	8. 按要求进行空白试验					
	9. 测量完毕吸喷去离子水 5min					
	10. 规范填写仪器使用记录					
	一个否定选项扣 2 分					
HSE 及工作效率	1. 按要求穿戴工作服和防护用品		10			
	2. 实验过程中仪器摆放整齐					
	3. 实验过程中无仪器损坏和安全事故发生					
	4. 实验结束后废液、废固按要求处理					
	5. 在规定时间内完成实验					
	一个否定选项扣 2 分					
过程记录	及时进行原始数据记录每错一项扣 1 分,最多扣 2 分		10			
	正确记录、修约与保留有效数字 每错一项扣 1 分,最多扣 2 分					
	正确计算水中钙、镁的含量 每错一项扣 3 分,最多扣 6 分					
	计算过程有伪造数据或篡改数据,数据作废,按 0 分计					
测定结果	工作曲线线性	$r \geqslant 0.9999$,不扣分	10			
		$0.9995 \leqslant r < 0.9999$,扣 2 分				
		$0.999 \leqslant r < 0.9995$,扣 4 分				
		$0.995 \leqslant r < 0.999$,扣 6 分				
		$0.99 \leqslant r < 0.995$,扣 8 分				
		$r < 0.99$,扣 10 分				
	精密度	钙的相对标准偏差 $\leqslant 1.3\%$	10			
		镁的相对标准偏差 $\leqslant 1.5\%$	10			
	准确度	钙的相对误差 $\leqslant 0.05\%$	5			
		镁的相对误差 $\leqslant 0.30\%$	5			
总分			100			

二、小组任务完成情况汇报

1. 实验完成质量：2次都合格的人数_____，1次合格的人数_____，2次均未合格的人数_____。
2. 自评分数最低的同学说说自己存在的主要问题。
3. 互评分数最高的同学说说自己做得好的方面。
4. 小组长安排组员介绍本组存在的主要问题和做得好的方面。

拓展专业知识

 想一想

1. 什么是吸收光谱法，吸收光谱法有哪些？
2. 简述原子吸收分光光度法测定原理，说出原子吸收分光光度法和紫外-可见分光光度法的异同点。
3. 火焰原子化器点不着火是什么原因导致的？

相关知识

一、吸收光谱法

由物质粒子对光的吸收现象而建立起的分析方法称为吸收光谱法。

吸收光谱法是根据各种物质结构不同，对电磁波的吸收不同，每种物质都有其特征性的吸收光谱，从而可对物质进行定量和定性分析。吸收光谱是指物质吸收光了，从低能级跃迁到高能级而产生的光谱。吸收光谱可以是线状谱或吸收带。研究吸收光谱可了解原子、分子和其他许多物质的结构和运动状态。根据物质结构和对电磁波吸收的不同，吸收光谱法可分为原子吸收分光光度法、紫外-可见分光光度法、红外吸收光谱法和核磁共振波谱法。

原子吸收分光光度计的原理见图1-4。

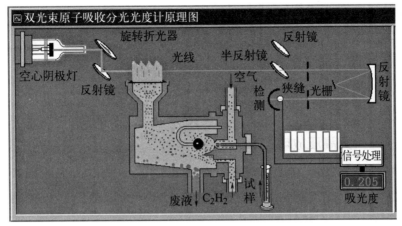

图 1-4 原子吸收分光光度计原理

二、原子吸收分光光度法与紫外-可见分光光度法

原子吸收分光光度法与紫外-可见分光光度法的异同点见表1-1。

表 1-1 原子吸收分光光度法与紫外-可见分光光度法的异同点

异同点		紫外-可见分光光度法	原子吸收分光光度法
不同点	吸收物质的状态	溶液中分子、离子	基态原子蒸气
	光源	连续光源,宽带分子光谱	锐线光源,窄带原子光谱
	单色器与吸收池的位置	光源→单色器→样品池	光源→原子化器→单色器
相同点	测定原理	都是依据样品对入射光的吸收进行测量的。 两种方法都遵循朗伯-比尔定律	
	设备结构	均由四大部分组成,即光源、单色器、吸收池(或原子化器)、检测器	

三、原子吸收分光光度计常见故障及处理方法

1. 总电源指示灯不亮

故障原因:电源线短路或接触不良;仪器保险丝熔断;保险管接触不良。

排除方法:将电源线接好,压紧插头;换保险丝;卡紧保险管使接触良好。

2. 初始化中波长电机出现"X"

故障原因:空心阴极灯未安装;光路中有物体遮挡;通信系统联系中断。

排除方法:重新安装空心阴极灯;取出光路中的遮挡物;重新启动仪器。

3. 元素灯不亮

故障原因：电源线脱焊；灯电源插座松动；灯坏了。

排除方法：重新安装空心阴极灯；更换灯位；换灯。

4. 寻峰时能量过低，能量超上限

故障原因：元素灯不亮；元素灯位置不对；灯老化。

排除方法：重新安装空心阴极灯；重设灯位；更换新灯。

5. 点击"点火"，无高压放电打火

故障原因：空气无压力；乙炔未开启；废液液位低；乙炔泄漏，报警。

排除方法：检查空压机；检查乙炔出口压力；加入蒸馏水；关闭紧急灭火。

6. 测试基线不稳定、噪声大

故障原因：仪器能量低；倍增管负高压过高；波长不准确；元素灯发射不稳定。

排除方法：检查灯电流；重新寻峰；更换已知灯。

7. 标准曲线弯曲

故障原因：光源灯失气；工作电流过大；谱线增宽；废液流动不畅；样品浓度高。

排除方法：更换灯或反接；减小电流；疏通废液管；减小试样浓度。

8. 分析结果偏高

故障原因：固体未溶解；背景吸收假象；空白未校正；标液变质。

排除方法：调高火焰温度；在共振线附近重测；进行空白校正；重配标液。

9. 分析结果偏低

故障原因：试样挥发不完全；标液配制不当；试样浓度太高；试样被污染。

排除方法：调整撞击球和喷嘴相对位置；重配标液；降低试样浓度；消除污染。

四、火焰的种类及选择

火焰温度是影响原子化效率的基本因素。火焰温度由火焰种类确定，因此应根据测定需要选择合适种类的火焰。当火焰种类选定后，要选用合适的燃气和助燃气比例（燃助比）。燃助比大于 1∶6 的火焰称为贫燃火焰，其燃烧温度高，还原性气氛差，燃烧不稳定，测定重现性较差，适于不易生成氧化物的元素的测定，如 Ag、Pb、Au、Pt 等元素。燃助比为 1∶4 左右的火焰称为化学计量火焰，其火焰稳定，层次清晰分明，适合大多数元素的测定。燃助比小于 1∶3 的

火焰称为富燃火焰，燃烧温度较低，但还原性强，适合于 Al、Ba、Cr 等元素的测定。

 ———————— 练习题

一、填空题

1. 原子吸收分析法中_____和_____是应用最广泛的光源，空心阴极灯提供的是_____光源，阳极是用_____制成，阴极是用_____。

2. 原子吸收分析法中火焰法常用的火焰种类有：_____、_____、_____、_____；应用最广泛的是_____火焰，可测_____种元素。

3. 原子吸收分析法中根据不同的燃气和助燃气流量比例，火焰类型可分为：_____、_____、_____；多数元素测量使用_____。

二、单项选择题

1. 原子吸收分析的定量依据是（　　　）。

A. 普朗克定律　　　　B. 玻尔兹曼定律　　　　C. 多普勒变宽　　　　D. 朗伯-比尔定律

2. 原子吸收分析时，特征谱线的产生是由于发生了（　　　）。

A. 紫外吸收　　　　B. 分子吸收　　　　C. 原子吸收　　　　D. 红外吸收

3. 原子吸收分析时测定的是（　　　）的吸光度。

A. 原子发射光谱　　　　B. 原子吸收光谱　　　　C. 分子吸收光谱　　　　D. 分子发射光谱

4. 在雾化燃烧系统上的废液嘴上接一塑料管，并形成（　　　），隔绝燃烧室和大气。

A. 密封　　　　B. 双水封　　　　C. 水封　　　　D. 油封

5. 空心阴极灯的选择是根据（　　　）。

A. 空心阴极灯的使用电流　　　　　　B. 被测元素的浓度

C. 被测元素的性质　　　　　　　　　D. 被测元素的种类

6. 空心阴极灯在使用前应（　　　）。

A. 放掉气体　　　　B. 加油　　　　C. 洗涤　　　　D. 预热

7. 空心阴极灯应在（　　　）使用。

A. 最小灯电流以上　　　　　　　　　B. 最小灯电流以下

C. 最大灯电流以上　　　　　　　　　D. 最大灯电流以下

8. 长期不用的空心阴极灯应每隔（　　　）在额定工作电流下点燃（　　　）。

A. 1～2 个季度、3～4h　　　　　　　B. 1～2 个季度、15～60min

C. 1～2 个月、15～60min　　　　　　D. 1～2 个月、3～4h

三、判断题

1. 原子吸收分析属于分子发射光谱。　　　　　　　　　　　　　　（　　　）

2. 原子吸收光谱仪中原子化系统的作用是将待测组分转化成原子蒸气。　　（　　　）

3. 原子吸收光谱仪的安装环境要求通风良好。　　　　　　　　　　（　　）

4. 乙炔钢瓶只可直立状态移动或储藏，且应远离热源、火源，避免阳光直射。（　　）

5. 空心阴极灯是一种特殊的气体放电灯。　　　　　　　　　　　　（　　）

6. 选择空心阴极灯的依据是被测组分的浓度。　　　　　　　　　　（　　）

7. 空心阴极灯的电源为高压电源。　　　　　　　　　　　　　　　（　　）

8. 空心阴极灯不用时不要点燃，否则会缩短寿命。　　　　　　　　（　　）

9. 灯电流的选择原则是最大吸光度对应的最小灯电流值。　　　　　（　　）

10. 原子吸收光谱法选用的吸收分析线一定是最强的共振吸收线。　　（　　）

四、问答题

请简述火焰原子化器的工作原理。

五、计算题

原子吸收光谱法测铁，已知铁标液由 0.4320g $NH_4Fe(SO_4)_2 \cdot 12H_2O$ 溶解后稀释至 1L 制得。标准曲线数据如下（均稀释至 50mL）：

铁标准溶液体积/mL	0.00	2.00	4.00	6.00	8.00	10.00
吸光度 A	0.00	0.161	0.320	0.480	0.638	0.795

将 5.00mL 试液稀释至 250mL 后，吸取 5.00mL 置于 50mL 容量瓶中，定容摇匀后，相同条件下测得其吸光度为 0.315，求试液中铁含量（g/L 表示）。已知 $M_{Fe} = 55.85g/mol$，$M_{NH_4Fe(SO_4)_2 \cdot 12H_2O} = 482.18g/mol$。

 ———————— 阅读材料

原子吸收分光光度计发展史

原子吸收光谱法诞生于 1955 年，澳大利亚人瓦尔士（Walsh）发表了"原子吸收光谱在化学分析中的应用"的论文。这篇论文奠定了原子吸收光谱分析的理论基础。他提出将原子吸收光谱法作为常规的分析方法并建立了原子吸收光谱分析法。瓦尔士也因此被全世界公认为原子吸收光谱分析的奠基人。

20 世纪 50 年代末，英国 Hilger&Watts 公司和美国 PE 公司分别在 Uvispek 和 P-E13 型分光光度计基础上研发了火焰原子吸收分光光度计。 Hilger&Watts 的 Uvispek 是第一台火焰原子吸收光谱商品仪器。

李·沃屋是石墨炉原子吸收光谱分析法（GFAAS)的提出者和奠基人，也是石墨炉原理样机的发明者。马斯美恩（Massmann)是商品石墨炉原子化器样机的发明者，1968 年 Massmann 炉问世。1970 年，美国 PE 推出第一台石墨炉原子吸收分光光度计商品仪器 ZL4100。

1970 年，美国 PE 公司推出了第一台石墨炉原子吸收光谱商品仪器（HGA-70 型)。

1969 年， Prugger 和 Torge 申请了塞曼背景校正方法的专利。

1976 年，日本 Hitachi 公司的第一台恒定磁场塞曼原子吸收光谱仪器投放市场。

1990 年第一个纵向磁场，横向加热石墨炉塞曼原子吸收光谱仪（PE 的 ZL4100）问世。

1997 年，北京瑞利分析仪器公司推出了带富氧空气-乙炔高温火焰原子化器的原子吸收光谱仪器。

21 世纪前夕，美国 Thermo 公司与 PE 公司先后将高分辨的分光系统——中阶梯光栅单色器引入原子吸收光谱仪。

大米中镉的测定

　　镉（Cd）并不是人体必需元素，而是一种毒性很大的金属元素，在自然界中多以化合态存在，含量很低，不会影响人体健康。由于我国冶金、冶炼、陶瓷、电镀工业及化学工业（如电池、塑料添加剂、食品防腐剂、杀虫剂、颜料）等产业的发展，镉通过废水、废气排入环境中。含镉工业废气扩散并自然沉降，蓄积于工厂周围的土壤中，含镉废水排入地面水或渗入地下水，污染水源和土壤，再通过灌溉、种植等途径污染农作物。镉具有累积性和生物链浓缩特性，可以迁移到土壤中，农作物从被污染的水和土壤中吸取大量的镉，蓄积在生物体内，导致食品存在镉超标现象，形成了食品镉污染。

　　镉被国际癌症研究机构（IARC）归类为人类致癌物，会对人类健康造成严重的损害。长期摄入含镉的食品，可使肾脏发生慢性中毒，主要是损害肾小管和肾小球，导致蛋白尿、氨基酸尿和糖尿。急性中毒症状主要表现为恶心、流涎、呕吐、腹痛、腹泻，继而引起中枢神经中毒症状。严重者可因虚脱而死亡。同时，由于镉离子取代了骨骼中的钙离子，从而阻碍钙在骨质上的正常沉积，也阻碍骨胶原的正常固化成熟，导致软骨病。因此，必须预防和控制镉对食品的污染以确保食品安全。粮食是人们生活必不可少的能量来源，对粮食中镉含量的监控和检测具有重要意义。

任务描述

　　分析检测中心接到某超市的委托，对新采购的大米样品的镉含量进行分析检测。业务室审核确认实验室有该资质及能力分析该项目后，将委托单流转至检测室，由检测室主任审核批准同意分析该样品。业务室将样品交给样品管理员，样品管理员根据项目安排派发检测任务。无机分析组根据检测任务分配单各自领取实验任务，按照样品检测分析标准进行分析。实验结束后两个工作日内，检测员将分析数据交给检测室主任审核，数据没问题则流转到报告编制员手中编制报告，报告编制完成后流转到报告一审、二审人员，最后流转到报告签发人手中审核签发。

　　作为检测员的你，接到的检测任务是进行大米中镉含量的测定。请你查找相关标准要求，制定检测方案，完成分析检测，出具检测报告并进行合理化的建议，要求在 5 个工作日完成分析任务，并使镉在重复性条件下获得的两次独立测定结果的绝对差值不得超过算术平均值的 10%。工作过程符合 HSE 规范要求，检测过程符合 GB 5009.15—2023《食品安全国家标准　食品中镉的测定》标准要求。

任务目标

　　完成本学习任务后，应当能够：

　　① 叙述镉含量测定的意义；

　　② 陈述石墨炉原子吸收光谱法测定镉含量的步骤；

　　③ 陈述石墨炉原子吸收光谱法测定镉含量的工作原理；

　　④ 按照操作规程规范使用石墨炉原子吸收光谱仪；

　　⑤ 依据 GB 5009.15—2023 标准和学院实验条件，以小组为单位制订实验计划，在教师引导下进行可行性论证；

　　⑥ 服从组长分工，独立做好分析仪器的准备工作和实验用溶液的配制工作，培养团队协作精神和自学能力；

　　⑦ 按标准要求，独立完成大米中镉含量的测定，正确填写原始记录，进行数据处理后出具检测报告，并判断检测项目是否超标；

　　⑧ 按 HSE 要求，做好实验前、中、后的物品管理和操作安全等工作；

　　⑨ 根据标准要求评价检测结果，找出实验过程中存在的问题，修改后再次实验，培养严谨的科学素养和精益求精的工匠精神；

　　⑩ 通过学习科学家袁隆平的事迹，提升责任感和使命感，培养坚定的信念以及坚持不懈、探索求实的良好品质。

建议学时

　　26 学时

活动
一

明确任务

识读任务委托检测协议书

委托检测协议书

协议书编号：_____
收样人员：_____
收样日期：_____

客户信息

申请方	：		联系人	：
地址	：		电话	：
电子邮箱	：	邮编：	传真	：
付款单位/发票抬头	：		联系人	：
地址	：		电话	：
电子邮箱	：	邮编：	传真	：

样品与检测信息

样品名称 ： 大米   样品数量： 2   存储条件： ☑常温 □冷藏
                                                        □冷冻 □其他

样品颜色 ： 白色   样品状态： 正常   样品包装： 袋装,1kg,密封完好

检测样品	检测项目	检测依据	检测项目	检测依据	检测项目	检测依据
大米 1#	镉					
大米 2#	镉					
需分包的项目为：						

注：如客户未指定或未填写检测方法，则视为同意本公司所选用的方法

分包确认： 是否接受××检测公司将样品分包？ □是 □否(若客户未填写,则视为同意分包)

检测类别：☑委托检测   □仲裁检测   □监督检测   □其他

报告方式：☑一张申请单对应一份报告 □同类样品对应一份报告 □其他_____

☑标准服务   □加急服务   □特急服务   □其他(协

检测周期：□7 个工作日   □5 个工作日   □3 个工作日   议周期____
          不加收费用   加收 40% 费用   加收 100% 费用   个工作日)

续表

判定要求	:□只出结果,不作判定	☑按标准指标判定	□按明示指标＿＿＿判定
报告盖章	:☑盖 CMA 章	□仅盖检验检测专用章(注:未获得 CMA 资质的项目依照要求仅用于内部质量控制、科研等,检测结果不用于社会证明。)	
报告和发票发放	:□自领	☑普通快递(报告寄往　□申请方　□付款方　□其他 发票寄往　□申请方　□付款方　□其他)	
剩样处理	:□退还客户	☑公司自行处理　□其他	
总费用	:		
备注	:		

温馨提示:请您再次确认相关内容的完整性和准确性,清楚了解并同意××检测公司提供的服务与收费情况,报告签发后,如需修改报告,将向您收取报告修改费用××元/份。委托检测仅对来样负责。本单一式二联,第一联存根,第二联由申请方保存,请客户凭本单的第二联或有效证件/文件领取检测报告。

申请方签章:＿＿＿＿＿＿＿＿＿＿＿＿＿＿＿＿＿　日期:＿＿＿＿＿＿＿＿＿＿＿＿＿＿

公司代表人签名:＿＿＿＿＿＿＿＿＿＿＿＿　日期:＿＿＿＿＿＿＿＿＿＿＿＿＿＿

1. 请用记号笔标出委托检测协议书中的关键词，把关键词写在下面的横线上。

＿＿＿＿＿＿＿＿＿＿＿＿＿＿＿＿＿＿＿＿＿＿＿＿＿＿＿＿＿＿＿＿＿＿＿＿

＿＿＿＿＿＿＿＿＿＿＿＿＿＿＿＿＿＿＿＿＿＿＿＿＿＿＿＿＿＿＿＿＿＿＿＿

2. 请根据协议书的内容简述该任务的要求。

＿＿＿＿＿＿＿＿＿＿＿＿＿＿＿＿＿＿＿＿＿＿＿＿＿＿＿＿＿＿＿＿＿＿＿＿

＿＿＿＿＿＿＿＿＿＿＿＿＿＿＿＿＿＿＿＿＿＿＿＿＿＿＿＿＿＿＿＿＿＿＿＿

＿＿＿＿＿＿＿＿＿＿＿＿＿＿＿＿＿＿＿＿＿＿＿＿＿＿＿＿＿＿＿＿＿＿＿＿

📚 小知识

1. 粮食样品在制备时，应先去除杂物，然后再粉碎，装入洁净的容器内，密封并做好标记，室温下保存。对于均匀液体饮料，可将样品直接混合后取样分析；若为非均匀的液态饮料，应先用组织匀浆机匀浆处理后取样分析。取样后剩余液体试样应于 4℃保存。

2. 镉在自然界中多以化合态存在，含量很低，大气中含镉量一般不超过

$0.003\mu g/m^3$，水中不超过 $10\mu g/L$，每千克土壤中不超过 $0.5mg$。这样低的浓度，不会影响人体健康。

3. 镉属于无机金属元素，样品在进行无机物含量测定前必须经过预处理，去除样品中的有机物后再进行分析。通常通过高温或高温加入强氧化剂等方法，使结合体中的有机物质发生分解，呈气态逸散，而被测组分残留下来用来检测。有机物破坏法根据具体操作步骤的不同，可分为干法灰化和湿法消化两大类。

素质拓展阅读

镉超标事件

2018 年，某县出现多起儿童血镉超标事件，引起社会广泛关注。据报道，这些孩子在当地一家蛋糕店内食用蛋糕后，出现不同程度的血镉超标症状。事件发生后，当地政府和相关部门立即展开调查和处理工作。据调查，该事件的原因是蛋糕店使用的原料含有大量镉元素。这种物质可能来源于当地的土壤和水源，或者在生产过程中使用了含镉元素的化学物质。

该事件敲响了警钟，提醒人们应更加重视食品安全问题。无论生产者还是监管人员应该树立食品安全责任意识，严格把好食品安全关，才能给社会建立一个健康、安全的食品环境。

获取信息

一、镉的危害与防治

 **看一看**

1. 镉的危害

镉是一种重金属，在体内长期积累将会对人体的骨骼、肾脏造成危害，是对人体健康威胁最大的有害元素之一。新生儿体内几乎不含镉，人体中的镉几乎全部是出生后从食物和环境中蓄积的。作为重金属，镉原本以化合物形式存在，对人类生活基本无影响。但是工业的发展导致全球每年约有 2.2 万吨镉进入土壤，使原本以化合物形式存在的镉、砷、汞等有害重金属释放到了自然界。这些有害重金属通过水流和空气，污染土壤，进而污染了稻米，再随之进入人体。

2. 镉危害的防治

镉是主要的环境污染物之一，环境一旦遭受镉的污染，很难消除，因此要坚持环境监测严格控制"三废"排放，加强对工业镉"三废"的治理，合理采矿和冶炼。对受镉污染的土壤可采取土壤改良措施，如在土壤中施加石灰，以提高土壤 pH 值；施用磷酸盐类肥料，使生成磷酸镉沉淀，从而减少植物对镉的吸收。活性炭、蒙脱石、高岭土、膨润土、风化煤、磺化煤、高温矿渣、沸石、壳聚糖、羧甲基壳聚糖、硅藻土、改良纤维、蛋壳、活性氧化铝腐殖质、纳米材料等吸附剂由于表面积大、结构复杂以及其他一些性能，能对土壤和水中的镉有很好的吸附作用。对于动物在饲喂含镉量较高的饲料时，可以添加与镉有拮抗作用的元素如锌、铁、铜、钙、硒等，降低镉对动物的毒性。

一个人每天镉允许摄入量为自己的体重千克数乘以 5/6 微克。总体上我国居民膳食中平均镉摄入量仍处在安全范围内。但是在一些受到镉污染严重的地区，人均镉摄入量是超标的，要尽量减少食用含镉量较高的贝类、海鲜和家畜家禽内脏，不吸烟或少吸烟。

写一写

1. 人体过量摄入镉会带来怎样的危害？

2. 简述危害人体健康的镉的主要来源。

二、样品的预处理方法——有机物破坏法

看一看

许多食品的组成比较复杂，各组分往往以复杂的结合态或配合物存在于食

物中，测定时出现许多干扰问题，还有些组分由于含量较少，必须被浓缩才能达到测定方法的灵敏度。样品预处理的目的就是要使样品变成一种易于检测的形式，排除干扰因素，完整保留被测组分，必要时浓缩被测组分以获得可靠的分析结果。

1. 样品预处理的基本要求

① 试样应完全分解。

② 试样分解时不能引入待测组分，也不能使待测组分损失。

③ 试样分解时所用试剂及反应产物对后续测定应无干扰。

2. 样品预处理的方法

样品预处理的方法有很多种，如直接溶解法、有机物破坏法、蒸馏法、溶剂萃取法、沉淀分离法、色谱分离法、加掩蔽剂消除干扰等。本次检测大米中镉的含量，由于大米中的淀粉、蛋白质、脂肪等有机组分对镉的分析造成影响，宜采用有机物破坏法进行样品的预处理。

有机物破坏法常用于食品中无机盐或重金属离子的测定。根据工作原理不同，有机物破坏法可分为湿法消化法和干法灰化法。

（1）湿法消化法

工作原理：样品中加入氧化性强酸，结合加热破坏有机物，使样品中的有机物质完全分解、氧化，呈气态逸出，使待测的无机组分转化为无机物状态存在于消化液中，用以分析测定。湿法消化法又称为消化法，是目前元素分析最直接、最有效、最经济的一种样品前处理手段。

湿化法的特点：

① 优点：分解速度快，所需时间短；加热温度较灰化法低，可减少待测组分的损失。

② 缺点：样品消化过程中产生大量的有害气体，操作必须在通风橱中进行；试剂用量大，空白值较高；消化初期，反应剧烈，会产生大量泡沫，会溢出消化瓶，消化过程可能出现炭化引起待测组分损失，消化过程需要细心看守。

常用的氧化性强酸有浓硝酸、浓硫酸、高氯酸等，它们可以单独使用，也可以混合使用，如 $HNO_3 + HCl$、$HNO_3 + HClO_4$、$HNO_3 + H_2SO_4$ 等，有时候需要加入一些强氧化剂（如高锰酸钾、过氧化氢等）或催化剂（如硫酸钾、硫酸铜等）来加速样品的氧化分解。

用于湿法消解的加热设备有电炉、水浴锅、油浴锅、电热板和微波消解仪等，随着实验室设备技术的创新和发展，孔式消解器和微波技术将是实验室湿法消解的两种主流实验设备。目前湿法消解的方法有很多，可以根据不同样品选择消解设备，以得到准确、高效、快速的检验结果。

（2）干法灰化法

工作原理：将食品放置在坩埚中，先在电炉上使样品脱水、炭化，再置于500～600℃的高温电炉中灼烧灰化，使样品中的有机物氧化分解成二氧化碳、水和其他挥发成分，剩余的无机物供测定用。干法灰化也称为灼烧，是破坏食品中有机物质的常用方法之一。

干法灰化法的特点：

① 优点：操作简便，试剂用量少，有机物破坏彻底，空白值低，能同时处理多个样品，适合大批量样品的前处理；经过灼烧后灰分少，体积小，可加大称样量，在检验方法灵敏度相同的情况下，能提高检出率；灰化过程不用一直看守，省时省事。本法应用范围广，可用于多种痕量元素的分析。

② 缺点：敞口灰化时间长，温度高，待测组分易挥发损失；高温灼烧使坩埚结构改变形成微小空穴，待测组分会部分吸留在坩埚的空穴中难以溶出，导致回收率降低。

提高干法灰化回收率的措施有：①采用适宜的灰化温度，在尽可能低的温度下进行样品的灰化，采用低温灰化技术；②适当加入助灰化剂，加速有机物的氧化，防止某些待测组分的挥发损失和坩埚吸留；③在规定的灰化条件下样品仍无法完全灰化，可加入适量酸或水，改变盐的组分或帮助灰分溶解，解除低熔点灰分对碳粒的包裹。

✎ 写一写

1. 大米中镉含量测定样品的预处理采用什么方法？

2. 简述湿法消化的工作原理。

三、石墨炉原子吸收光谱法的测定原理和仪器构造

1. 石墨炉原子化工作原理

石墨炉原子化器的示意图见图 2-1。

试样以溶液或固体形式，从石墨管壁上侧小孔进入由氩气保护的石墨炉管

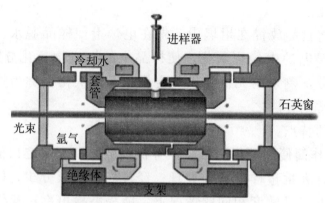

图 2-1　石墨炉原子化器示意图

内，在管两端加以低电压（8～25V）、大电流（可达500A），产生高温（2000～3000K），使试样原子化，吸收光源发出的特征谱线，经过检测器进行检测。石墨炉原子化过程以程序升温方式对试样进行原子化，其过程包括干燥、灰化、原子化、净化四个阶段（图2-2）。

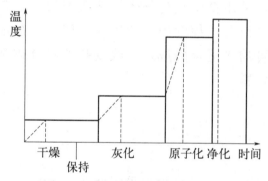

图 2-2　原子化过程的升温程序

（1）干燥

目的：蒸发除去溶剂，避免溶剂引起试样灰化和原子化过程飞溅。

要求：温度稍高于溶剂的沸点，干燥时间取决于试样体积，一般每微升溶液干燥时间约为1.5s。

（2）灰化

目的：除去易挥发的基体和有机物，减少分子吸收。

要求：在保证被测元素不损失的前提下，尽量选择较高的灰化温度以减少灰化时间，持续时间10～30s。

（3）原子化

目的：使待测元素的化合物气化，解离成为基态原子。

要求：温度1800～3000℃，关闭保护气，以延长基态原子在石墨管中的停留时间，提高分析的灵敏度，持续时间3～10s。

（4）净化

目的：高温除去管内残渣。

要求：温度比原子化温度稍高100～200℃，持续时间2～3s。

2. 石墨炉原子化装置

石墨炉原子化器包括石墨管、炉体（图2-3）和电源三大部分。

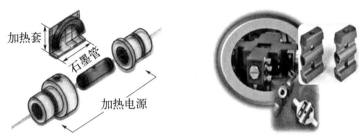

加热套

石墨管

加热电源

图2-3　石墨炉体和石墨管

石墨管是原子化器的核心部件，样品在石墨管中实现原子化。石墨管中央开一个小孔作为液体试样的注入口和保护气体（Ar）的出气口。

石墨炉要不断通入惰性气体，以保护原子化基态原子不再被氧化，并用于清洗和保护石墨管。为使石墨管在每次分析之间能迅速降至室温，从上面通入冷却水以冷却石墨炉原子化器。

 写一写

请简述石墨炉原子化的过程。

四、仪器的使用

 看一看

扫码观看视频，记录操作要点。

石墨炉原子吸收光谱法测定食品中镉含量

 写一写

查阅仪器操作指南，结合操作视频补充完善石墨炉原子吸收光谱法测定大米中镉含量的操作步骤。

序号	操作流程	操作图示	操作步骤及注意事项
1	样品预处理和溶液制备	 	1. 试样的制备 取大米样品经高速粉碎机粉碎均匀。 2. 试样称量 准确称取粉碎后大米样品_____g。 3. 试样的预处理 (1)预处理的方法：_____。 (2)用流程图简述预处理过程
		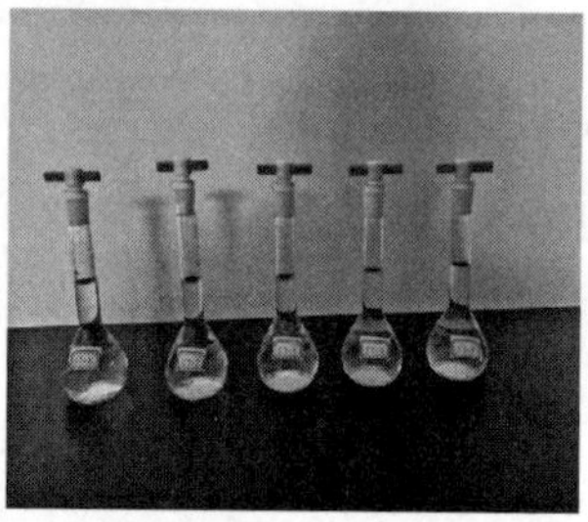	4. 配制镉标准储备液：____mg/L。准确称取_____g 的_____，加入(1+9)的硝酸溶解,转移加水稀释定容至____mL 容量瓶中。 5. 配制镉中间使用液 镉中间使用液的浓度：_____。准确移取_____mL 镉标准储备液至____mL 容量瓶中,加(1+9)的硝酸定容至刻度。 6. 配制镉标准系列溶液 分别移取_____、_____、_____、_____、_____mL 镉中间使用液至_____mL 容量瓶中,配制浓度为____、____、____、____、____、_____的镉标准系列溶液
2	仪器准备		1. 检查仪器各部件 (1)按照操作指南仔细检查仪器各部件,检查气路接口是否安装正确、气密性是否良好。 (2)检查_____、_____是否打开。 (3)分压阀的压力是_____MPa

续表

序号	操作流程	操作图示	操作步骤及注意事项
2	仪器准备	 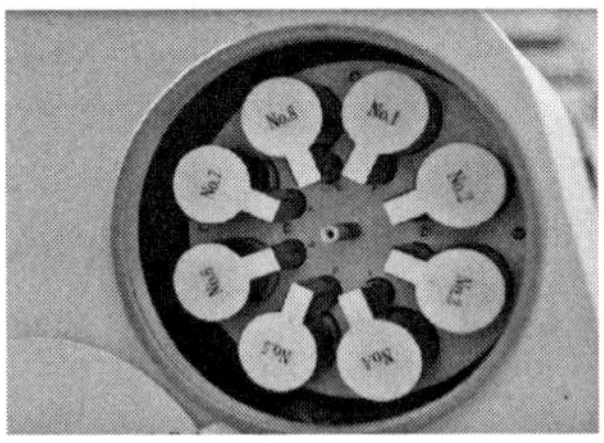	2. 安装元素灯 　根据检测任务选择_____元素灯,安装后记录编号_____。 　注意事项:使用石墨炉原子吸收光谱仪之前,必须先打开冷却水和保护气,并确保冷却水压正常,保护气压力符合要求。在仪器使用过程中,注意预防高温烫伤
3	样品测量	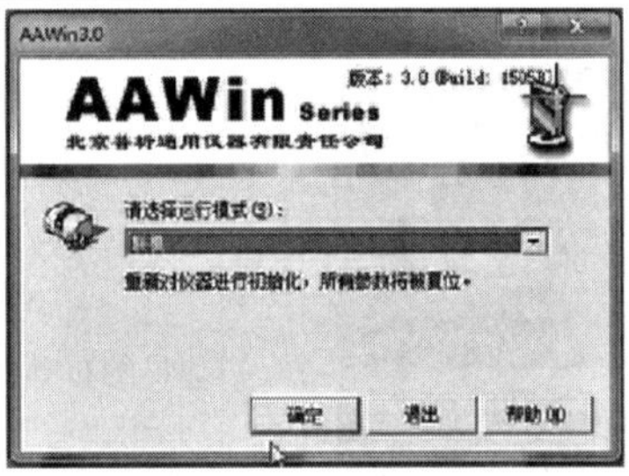 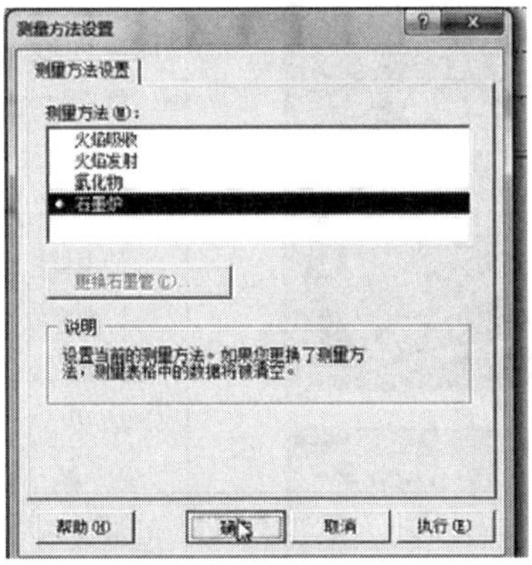	1. 打开电脑主机,打开仪器电源开关。 　2. 双击电脑桌面软件图标。 　3. 系统进入初始化阶段,仪器自检后的操作与学习任务一相同。 　4. 选择测量方法为:_____。 　5. 打开排气扇
		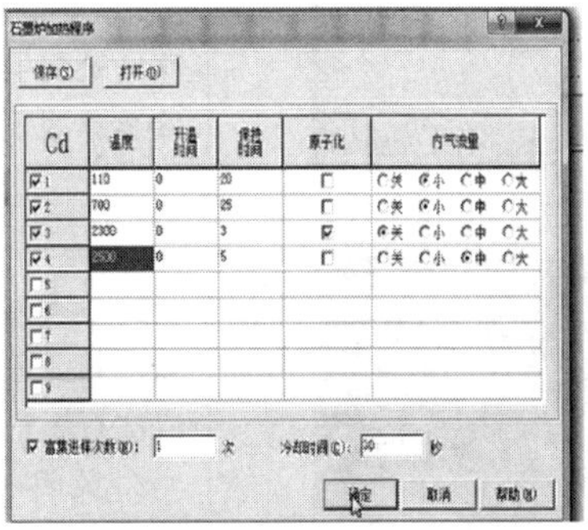	1. 设置加热程序 　原子化的四个阶段: 　(1)____阶段:温度_____℃;时间_____s。 　(2)____阶段:温度_____℃;时间_____s。 　(3)____阶段:温度_____℃;时间_____s。 　(4)____阶段:温度_____℃;时间_____s。

序号	操作流程	操作图示	操作步骤及注意事项
			2. 设置测量参数 （1）设置标样和试样的重复测定次数。 （2）设置吸光度的显示范围。 （3）设置数据的信号处理方式、计算方式，选择峰高。 3. 设置标准样品和测量样品的进样列表 按照样品设置向导依次设置校准方法、浓度单位、样品名称、标准样品数量和浓度，以及未知样品数量等
3	样品测量		1. 测量前 空烧石墨管，目的是：_____。 2. 测量时 （1）采用_____准确移取____μL 的标准溶液和样品溶液依次进样分析。 （2）标准系列进样结束后，系统绘制标准曲线，然后分析样品。 样品测量结束后： 根据标准曲线查样品溶液的浓度，代入公式进行计算。 使用注意事项： 1. 规范使用移液枪，以免造成损坏、污染或者进样量不准确，直接影响测定结果。 2. 测量时注意原子化出峰是否正常。 3. 每次进样完成后，要等待石墨炉冷却后再进行下一个样品测量，否则移液枪头会被熔化影响样品测量，直接影响测量结果的精密度和准确度
4	结束工作		1. 测量完毕，为了除去残余的基体和待测元素，通常采用空烧的方法来清洗石墨管。 2. 关闭_____ 和 _____

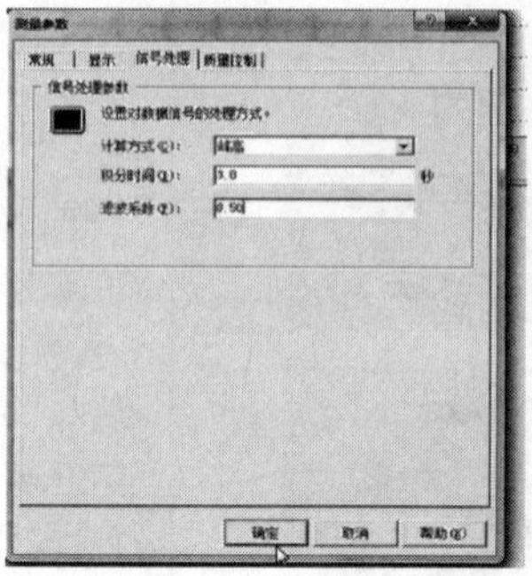

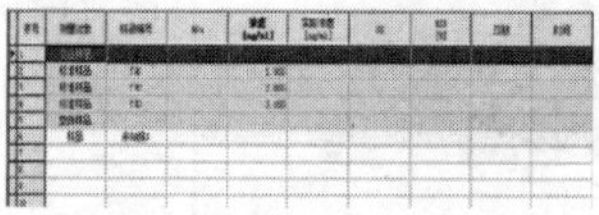

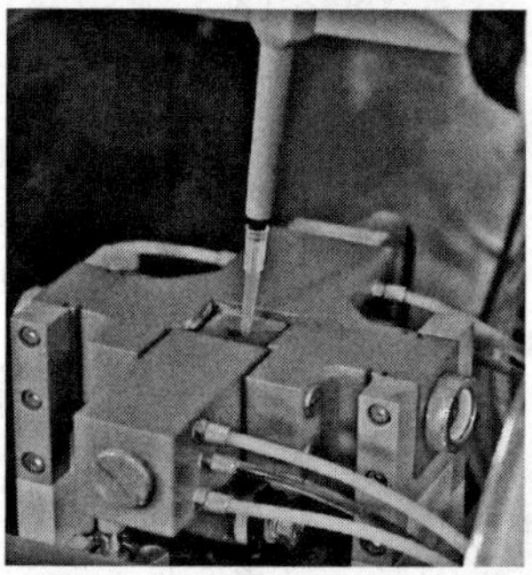

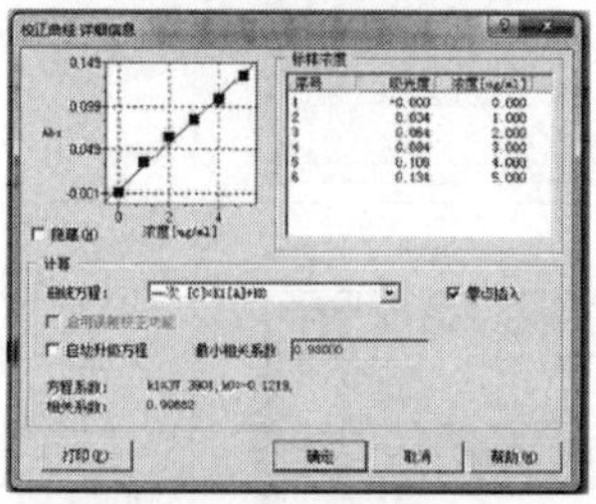

续表

序号	操作流程	操作图示	操作步骤及注意事项
4	结束工作		3. 记录数据后,退出工作站,关闭电脑和仪器主机,关闭排气扇

活动三 制订与审核计划

一、查找与阅读标准

查阅 GB 2762—2022《食品安全国家标准　食品中污染物限量》和 GB 5009.15—2023《食品安全国家标准　食品中镉的测定》,回答以下问题。

1. 食品的污染物指的是什么?污染物指标有哪些?

2. 什么是限量?大米中镉含量的限量值是多少?

3. 试述测定大米中镉含量的原理。

二、制订实验计划

依据 GB 5009.15—2023，结合学校的实验条件，以小组为单位，讨论并制订大米中镉含量测定的实验计划。

1. 根据小组用量，填写试剂准备单

序号	试剂名称	等级或浓度	数量	配制方法

2. 检查本次任务用到的危险化学品，填写危险化学品清单

化学品名称	危险性说明	应急处置措施	领用要求及注意事项

3. 根据个人需要，填写仪器使用清单

序号	仪器名称	规格	数量	仪器维护情况

4. 列出主要分析步骤，合理分配时间，填写工作计划表

序号	主要步骤	所需时间	操作要点及注意事项

三、审核实验计划

（1）组内讨论，形成小组实验计划。

（2）各小组展示实验计划（海报法或照片法），并做简单介绍。

（3）小组之间互相点评，记录其他小组对本小组的评价意见。

（4）结合教师点评，修改完善本组实验计划。

评价小组	计划制订情况（优点和不足）	小组互评分	教师点评
平均分：			

注：1. 小组互评可从计划的完整性、合理性、条理性等方面进行评价。

2. 对其他小组的实验计划进行排名，按名次分别计 10 分、9 分、8 分、7 分、6 分。

素质拓展阅读

袁隆平事迹

　　袁隆平是一位杰出的农业科学家，他一生致力于杂交水稻的研究和推广，为解决全球粮食问题做出巨大的贡献。他始终坚信科技能够为人类社会的发展做出贡献，因此他不断探索、不断尝试，历经千辛万苦，终于成功研制出高产的杂交水稻。这种坚定的信念和执着的追求是他获得成功的关键。同时他也具有较强的责任感和使命感，他深知杂交水稻对解决全球粮食问题的重要性，也深知自己的科研成果将会对人类的生存和发展产生深远的影响，因此，他始终以高度的责任感和使命感为动力，全身心投入科研工作中，被誉为"世界杂交水稻之父"。袁隆平的事迹和精神，不仅是中国科技界的骄傲，也是全人类社会的宝贵财富，他的精神将激励更多的人为实现人类社会的可持续发展而努力奋斗！

实施计划

一、组内分工，准备仪器和配制溶液

序号	任务内容	负责人
1	领取实验所需的化学试剂	
2	领取实验所需的容量瓶、吸量管等玻璃仪器	
3	按要求完成大米样品的制备和预处理	
4	检查气体管路的气密性，开启冷却水	
5	检查仪器的状态	
6	配制标准溶液	

二、仪器的使用维护

打开仪器前，检查： □已更换元素灯　　　□未更换元素灯

使用仪器前，检查： □已打开冷却水　　　□未打开冷却水

□已打开氩气　　　　□未打开氩气

□已调节原子化器的位置 □未调节原子化器的位置

关闭仪器前，检查： □已清洗石墨炉原子化器 □未清洗石墨炉原子化器

□已关闭冷却水　　　□未关闭冷却水

□已关闭氩气　　　　□未关闭氩气

三、样品测量，填写数据记录表

大米中镉含量的测定记录表格（Ⅰ）

检验日期_____ 实验开始时间_____ 结束时间_____ 室温_____℃

样品名称			仪器名称及型号		
仪器条件	波长		nm	灯电流	
	干燥条件			灰化条件	
	原子化条件			净化条件	

续表

标准溶液配制	标准品的称量质量/g	m_1	
		m_2	
		m	
	定容体积/mL		
	Cd标准贮备液浓度/(mg/mL)		
标准曲线绘制	移取贮备溶液体积/mL		
	定容体积/mL		
	稀释倍数		
	Cd标准使用溶液浓度/(ng/mL)		
	Cd标准使用溶液移取体积/mL		
	Cd浓度/(ng/mL)		
	吸光度		
	线性回归方程		
	相关系数		
样品测定	测定次数	1	2
	标准曲线查得Cd的含量/(ng/mL)		
	稀释倍数		
	试样消解液中Cd的含量/(ng/mL)		
	试样质量/g		
	试样消解液总体积/mL		
	试样中Cd的含量/(µg/kg)		
	平均值/(µg/kg)		
	平行测定结果相对极差/%		

大米中镉含量的测定记录表格（Ⅱ）

检验日期＿＿＿＿＿＿　实验开始时间＿＿＿＿＿　结束时间＿＿＿＿＿　室温＿＿＿＿℃

样品名称			仪器名称及型号		
仪器条件	波长		nm	灯电流	
	干燥条件			灰化条件	
	原子化条件			净化条件	
标准溶液配制	标准品的称量质量/g	m_1			
		m_2			
		m			
	定容体积/mL				
	Cd标准贮备液浓度/(mg/mL)				

续表

标准曲线绘制	移取贮备溶液体积/mL						
	定容体积/mL						
	稀释倍数						
	Cd 标准使用溶液浓度/(ng/mL)						
	Cd 标准使用溶液移取体积/mL						
	Cd 浓度/(ng/mL)						
	吸光度						
	线性回归方程						
	相关系数						
样品测定	测定次数	1			2		
	标准曲线查得 Cd 的含量/(ng/mL)						
	稀释倍数						
	试样消解液中 Cd 的含量/(ng/mL)						
	试样质量/g						
	试样消解液总体积/mL						
	试样中 Cd 的含量/(μg/kg)						
	平均值/(μg/kg)						
	平行测定结果相对极差/%						

检验员 _____   复核员 _____

四、数据处理过程及结果判定

1. 列出待测样品中镉含量的计算过程，按标准要求保留有效数字。

2. 根据 GB 2762—2022《食品安全国家标准　食品中污染物限量》要求给出检测结论。

GB 2762—2022
《食品安全国家标准
食品中污染物限量》

检查与改进

一、分析实验完成情况

1. 操作是否符合规范要求

（1）样品制备过程符合标准要求。　　　　　　　□是　　□否

（2）样品称量准确，过程无洒落。　　　　　　　□是　　□否

（3）样品预处理方法正确，过程符合标准要求。　□是　　□否

（4）样品移取过程规范、准确。　　　　　　　　□是　　□否

（5）标准溶液定容过程准确，过程符合标准要求。□是　　□否

（6）测定样品前对仪器进行预热。　　　　　　　□是　　□否

（7）仪器使用前开启冷却水和保护气。　　　　　□是　　□否

（8）打开氩气之前检查管路的气密性。　　　　　□是　　□否

（9）测定结束后及时关闭冷却水和氩气。　　　　□是　　□否

（10）规范填写仪器使用记录。　　　　　　　　□是　　□否

2. 实验数据记录和处理是否规范正确

（1）正确填写记录表各要素。　　　　　　　　　□是　　□否

（2）正确记录实验数据，无不规范涂改。　　　　□是　　□否

（3）正确保留有效数字。　　　　　　　　　　　□是　　□否

（4）正确计算实验数据。　　　　　　　　　　　□是　　□否

3. HSE 执行情况及工作效率

（1）按要求穿戴工作服和防护用品。　　　　　　□是　　□否

（2）废液、废固按要求处理。　　　　　　　　　□是　　□否

（3）无仪器损坏。　　　　　　　　　　　　　　□是　　□否

（4）未发生安全事故（灼伤、烫伤、割伤等）。　□是　　□否

（5）实验中仪器摆放整齐。　　　　　　　　　　□是　　□否

（6）实验后，清洗仪器、整理桌面。　　　　　　□是　　□否

（7）在规定时间内完成实验，用时_____min。　□是　　□否

4. 教师汇总并点评全部实验结果

（1）本人测定的标准曲线相关系数_____ ，大米中镉含量测定的有效

结果平均值是_____，平行测定结果相对极差是_____，是否符合重复性要求_____。

（2）全班有效测定结果镉的平均值是_____，本人测定结果镉的含量是_____，本人测定结果_____（偏高、偏低），相差_____。

二、列出存在的问题，改进后再次实验

1. 列出实验过程中存在的问题及改进措施。

2. 再次实验，并撰写检验报告。

根据实验完成情况分析，进一步规范自身操作，减少系统误差和偶然误差，提高分析结果的精密度和准确度，同时撰写电子版检测报告。

小知识

1. 第三方检测机构常见的委托单、记录表格和报告单
   请扫描二维码了解。

2. 石墨炉原子化法与火焰原子化法的异同
   石墨炉原子化法与火焰原子化法的比较见表 2-1。

检测机构常见的委托单、原始记录和报告单

表 2-1　石墨炉原子化法和火焰原子化法的比较

异同点		石墨炉原子化法	火焰原子化法
不同点	原子化原理	电加热	火焰加热
	原子化系统	由石墨管、炉体和电源三大部分组成	由雾化器、预混合室、燃烧器三部分组成
	最高温度	3000℃	2300℃（空气-乙炔）
	原子化效率	90％以上	10％
	试样体积	5～100μL	1mL 以上
	试样状态	液体或固体	液体
	灵敏度	高	低

续表

异同点		石墨炉原子化法	火焰原子化法
不同点	精密度	低	高
	基体效应	大	小
相同点	测定原理	都是基于从光源辐射出特征谱线,被待测元素的基态原子吸收,由特征谱线的减弱程度来测定试样中待测元素含量的方法	
	设备结构	都是由光源、原子化器、分光系统、检测系统组成	

3. 石墨炉原子化法的优缺点

（1）石墨炉原子化法的优点　　原子化效率高,在可调的高温下试样利用率达 100% ,灵敏度高,其绝对检出限可达 $10^{-6}\sim10^{-12}$ g,试样用量少,液样约 $1\sim100\mu L$,固体试样约 $20\sim40\mu g$,可用于难熔元素的测定。

（2）石墨炉原子化法的缺点　　试样组成的不均匀性影响较大,测定的精密度较低;共存化合物干扰比火焰原子化法大;背景吸收大时需进行校正;测定速度慢;操作不够简便;装置复杂。

☆ **注意**

高氯酸在使用的时候要特别注意安全。在高温下高氯酸直接接触某些还原性较强的物质,如酒精、甘油、脂肪、糖类等,会有因反应剧烈发生爆炸的危险。因此,使用高氯酸消化时,应在通风橱中进行,便于生成的气体和酸雾及时排出。

活动六))) # 评价与反馈

一、个人任务完成情况综合评价

评价项目及标准		配分	自评	互评	师评
学习态度	1. 按时上、下课,无迟到、早退或旷课现象	20			
	2. 遵守课堂纪律,无睡觉、看课外书、玩手机、闲聊等现象				

评价项目及标准		配分	自评	互评	师评
学习态度	3. 学习主动,能自觉完成老师布置的预习任务	20			
	4. 认真听讲,不走神或发呆				
	5. 积极参与小组讨论,发表自己的意见				
	6. 主动代表小组发言或展示操作				
	7. 发言时声音响亮、表达清楚,展示操作较规范				
	8. 听从组长分工,认真完成分派的任务				
	9. 按时、独立完成课后作业				
	10. 及时填写工作页,书写认真、不潦草				
	一个否定选项扣2分				
操作规范	1. 样品制备过程符合标准要求	20			
	2. 样品称量准确,过程无洒落				
	3. 样品预处理方法正确,过程符合标准要求				
	4. 标准溶液移取规范、准确				
	5. 标准溶液定容过程准确,过程符合标准要求				
	6. 测定样品前对仪器进行预热				
	7. 仪器使用前开启冷却水和保护气				
	8. 打开氩气之前检查管路的气密性				
	9. 测定结束后及时关闭冷却水和氩气				
	10. 规范填写仪器使用记录				
	一个否定选项扣2分				
HSE及工作效率	1. 按要求穿戴工作服和防护用品	10			
	2. 实验过程中仪器摆放整齐				
	3. 实验过程中无仪器损坏和安全事故发生				
	4. 实验结束后废液、废固按要求处理				
	5. 在规定时间内完成实验				
	一个否定选项扣2分				
过程记录	及时进行原始数据记录 每错一项扣1分,最多扣2分	10			
	正确记录、修约与保留有效数字 每错一项扣1分,最多扣2分				
	正确计算大米中镉的含量 每错一项扣3分,最多扣6分				
	计算过程有伪造数据或篡改数据,数据作废,按0分计				

评价项目及标准			配分	自评	互评	师评
测定结果	工作曲线线性	$r \geqslant 0.9999$，不扣分	10			
		$0.9995 \leqslant r < 0.9999$，扣 2 分				
		$0.999 \leqslant r < 0.9995$，扣 4 分				
		$0.995 \leqslant r < 0.999$，扣 6 分				
		$0.99 \leqslant r < 0.995$，扣 8 分				
		$r < 0.99$，扣 10 分				
	精密度	镉含量 $>1\text{mg/kg}$ 时，平行测定结果的相对极差 $\leqslant 10\%$	20			
		$0.1\text{mg/kg} < $ 镉含量 $\leqslant 1\text{mg/kg}$ 时，平行测定结果的相对极差 $\leqslant 15\%$				
		镉含量 $\leqslant 0.1\text{mg/kg}$ 时，平行测定结果的相对极差 $\leqslant 20\%$				
	准确度	镉含量 $>1\text{mg/kg}$ 时，与参考值的相对误差 $\leqslant 10\%$	10			
		$0.1\text{mg/kg} < $ 镉含量 $\leqslant 1\text{mg/kg}$ 时，与参考值的相对误差 $\leqslant 15\%$				
		镉含量 $\leqslant 0.1\text{mg/kg}$ 时，与参考值的相对误差 $\leqslant 20\%$				
总分			100			

二、小组任务完成情况汇报

1. 实验完成质量：2 次都合格的人数_____，1 次合格的人数_____，2 次均未合格的人数_____。

2. 自评分数最低的同学说说自己存在的主要问题。

3. 互评分数最高的同学说说自己做得好的方面。

4. 小组长安排组员介绍本组存在的主要问题和做得好的方面。

活动七 拓展专业知识

? 想一想

1. 原子化的方法有哪些？
2. 原子吸收检测过程中有哪些干扰？如何消除干扰？
3. 原子化过程的温度应如何选择？

 相关知识

一、原子化的方法

将试样中的待测元素变成气态的基态原子的过程称为试样的原子化。原子化的方法有火焰原子化法、电加热原子化法、化学原子化法三种。

1. 火焰原子化法

① 火焰原子化包括两个步骤，雾化阶段和原子化阶段。雾化阶段是将试样变成微小雾滴，然后使雾滴接受火焰的能量形成基态原子。火焰原子化器由雾化器、预混合室和燃烧器等部分组成。

② 火焰原子化过程是一个复杂的过程，包括雾滴脱溶剂、蒸发、解离等阶段。

③ 火焰原子化法的特点：操作简便，重现性好，有效光程大，可检测大多数元素，被广泛应用；但火焰原子化法原子化效率低，灵敏度不够高，不能直接分析固体样品。

2. 电加热原子化法

① 电加热原子化器的种类有很多，如电热高温管式石墨炉原子化器、石墨杯原子化器、炭棒原子化器、高频感应炉等，常用的电加热原子化器是管式石墨炉原子化器。

② 管式石墨炉原子化法采用直接进样和程序升温方式对试样进行原子化，过程包括干燥、灰化、原子化、净化四个阶段。

③ 管式石墨炉原子化法的特点：原子化效率高，绝对灵敏度高，无论是固体或液体均可直接进样，样品用量少；集体效应、化学干扰多，测量结果重现性较差。

3. 化学原子化法

化学原子化法又称为低温原子化法，利用化学反应将待测元素转变为易挥发的金属氢化物或氯化物，然后再在较低的温度下原子化。

（1）汞低温原子化法 汞是唯一可以采用此法测定的元素，常用于测定水中有害元素汞含量。

（2）氢化物原子化法 此法适用于 Ge、Sn、Pb、As、Sb、Bi、Se 和 Te 等元素测定。氢化物原子化法的还原率可达 100%，被测元素可全部转化为气体并通过吸收管，因此测定灵敏度高。

二、原子吸收测定过程中的干扰及消除方法

原子吸收检测中的干扰可分为四种类型，即物理干扰、化学干扰、电离干扰和光谱干扰。

（1）物理干扰 是指试样在转移、蒸发过程中任何物理因素变化而引起原子吸收强度下降的干扰效应。物理干扰是非选择性干扰，对试样各元素的影响基本相似。物理干扰的因素有：试液的黏度、溶剂的蒸气压、雾化气体的压力等。

消除方法：配制与被测试样相似的标准样品，是消除物理干扰的常用方法。在试样组成未知时，可采用标准加入法或选用适当溶剂稀释液来减少和消除物理干扰。

（2）化学干扰 是指待测元素与其他组分之间的化学作用所引起的干扰效应。它主要影响待测元素的原子化效率，是原子吸收分光光度法中的主要干扰来源。它是由于液相或气相中被测元素的原子与干扰物质组成之间形成热力学更稳定的化合物，从而影响被测元素化合物的解离及其原子化。

消除方法：进行化学分离；使用高温火焰；加入释放剂和保护剂；使用基体改进剂；等等。

（3）电离干扰 指在高温下原子电离，使基态原子的浓度减少，引起原子吸收信号降低的干扰。电离干扰主要发生在电离电位较低的碱金属和部分碱土金属中。电离效应随温度升高、电离平衡常数增大而增大，随被测元素浓度增大而减小。

消除方法：加入更易电离的碱金属元素，可以有效消除电离干扰。

（4）光谱干扰 指分析元素吸收线与其他吸收线或辐射不能完全分开而产

生的干扰。光谱干扰包括谱线干扰和背景干扰两种。

谱线干扰的消除方法：谱线干扰包括吸收线重叠、光谱通带内存在的非吸收线、原子化器内直流发射干扰。可通过另选其他无干扰的分析线进行测定或预先分裂干扰元素消除吸收线重叠的干扰；可通过减小狭缝宽度或适当减小灯电流，降低光源杂质的放射线干扰和灯内干扰元素发出的强光；可通过对光源进行机械调制消除原子化器内直流发射的干扰。

背景干扰的消除方法：用邻近非吸收线扣除背景，用氘灯校正背景，用自吸方法校正背景，利用塞曼效应校正背景。

三、石墨炉原子化条件的选择

1. 载气的选择

载气可选择惰性气体氩气或氮气，通常使用氩气。采用氮气作为载气时要考虑高温原子化时产生 CN 带来的干扰。载气流量会影响石墨炉的灵敏度和使用寿命，外部供气流量在 $1\sim5L/min$，内部气流量在 $60\sim70mL/min$。

2. 冷却水

为使石墨炉迅速降至室温，通常使用水温为 $20℃$，流量为 $1\sim2L/min$ 的冷却水。水温不宜过低，流速也不可过快，以免在石英窗上产生冷凝水。

3. 原子化温度的选择

原子化过程中，干燥阶段的干燥条件直接影响分析结果的重现性。为防止样品飞溅，又能保持较快的蒸干速度，干燥应在稍低于溶剂沸点的温度下进行。一般取样 $10\sim100\mu L$ 时，干燥时间为 $15\sim60s$。灰化温度和时间的选择原则是：在保证待测元素不挥发损失的条件下，尽量提高灰化温度，以去掉比待测元素化合物容易挥发的样品基体，减少背景吸收。原子化温度选择的原则是：选用达到最大吸收信号的最低温度作为原子化温度，这样可以延长石墨管的使用寿命。

4. 石墨管的清洗

为了消除记忆效应，在原子化完成后，一般在 $3000℃$ 左右，采用空烧的方法清洗石墨管，以除去残余的基体和待测元素，但时间宜短，否则会缩短石墨管的使用寿命。

四、石墨炉原子吸收光谱仪的维护

1. 空心阴极灯的维护

① 空心阴极灯如长期搁置不用，会因漏气、气体吸附等原因不能正常使用，

甚至不能点燃，所以每隔 2～3 个月应将不常用的灯点燃 2～3h，以保持灯的性能。

②　空心阴极灯使用一段时间以后会老化，致使发光不稳、光强减弱、噪声增大及灵敏度下降，在这种情况下，可用启动器加以启动，或者把空心阴极灯反接后在规定的最大工作电流下通电半个多小时。多数元素灯在经过启动处理后其使用性能在一定程度上得到恢复，从而延长了灯的使用寿命。

③　取、装元素灯时应拿灯座，不要拿灯管，以防止灯管破裂或通光窗口被污染，从而导致光能量下降。如有污垢，可用脱脂棉蘸上无水乙醇和乙醚混合液（1+3）轻轻擦拭，予以清除。

2. 石墨管的维护

石墨炉与石墨管连接的两个端面要保持平滑、清洁，保证两者之间紧密连接。如发现石墨锥有污垢应立即清除，防止随气流进入石墨管中，造成测量误差，影响测试结果。

 —————————— 练习题

一、填空题

石墨炉原子吸收光谱仪使用前，先打开＿＿＿＿＿＿＿ 和 ＿＿＿＿＿＿，分压阀的压力是＿＿＿＿＿MPa，打开软件仪器自检后，预热＿＿＿＿＿元素灯。在工作站窗口中设定仪器测定条件参数，将标准品、空白和待测样逐个进行测定，依据标准曲线求出样液中镉的含量。分析结束后，首先采用＿＿＿＿＿＿＿ 方法清洗石墨管，然后关闭＿＿＿＿＿和 ＿＿＿＿＿＿，退出工作站，关闭仪器和电脑。

二、单项选择题

1. 原子化器的主要作用是（　　　）。

A. 将试样中待测元素转化为中性分子

B. 将试样中待测元素转化为离子

C. 将试样中待测元素转化为基态原子

D. 将试样中待测元素转化为激发态原子

2. 下列关于空心阴极灯使用描述不正确的是（　　　）。

A. 空心阴极灯发光强度与工作电流有关

B. 增大工作电流可增加发光强度

C. 工作电流越大越好

D. 工作电流过小，会导致稳定性下降

3. Cd 元素最合适的原子化方法是（　　　）。

A. 火焰原子化法　　　　　　　　B. 氢化物原子化法

C. 石墨炉原子化法　　　　　　　D. 等离子原子化法

4. 原子吸收光谱分析中，光源的作用是（　　　）。

A. 在广泛的区域内发射连续光谱

B. 提供试样蒸发和激发所需要的能量

C. 发射待测元素基态原子所吸收的共振辐射

D. 产生足够强度的散射光

5. "痛痛病"是由（　　）引起的。

A. 汞　　　　　　　B. 砷　　　　　　C. 铅　　　　　　D. 镉

6. 阴极灯的选择是根据（　　　）。

A. 空心阴极灯的使用电流　　　　B. 被测元素的浓度

C. 被测元素的性质　　　　　　　D. 被测元素的种类

7. 原子吸收分析对光源进行调制，主要是为了消除（　　　）。

A. 光源透射光的干扰　　　　　　B. 原子化器火焰的干扰

C. 背景干扰　　　　　　　　　　D. 物理干扰

8. 原子吸收分光光度法中，当吸收线附近无干扰线存在时，下列说法正确的是（　　　）。

A. 应放宽狭缝，以减少光谱通带　　B. 应放宽狭缝，以增加光谱通带

C. 应调窄狭缝，以减少光谱通带　　D. 应调窄狭缝，以增加光谱通带

9. 原子吸收的定量方法——标准加入法可消除的干扰是（　　　）。

A. 分子吸收　　B. 背景吸收　　C. 基体效应　　D. 物理干扰

10. 由于溶液浓度及组成发生变化，而引起测定的吸光度发生变化，这种现象称为（　　　）。

A. 电离效应　　　B. 基体效应　　　C. 化学干扰　　　D. 光谱干扰

三、判断题

1. 石墨炉原子法中，选择灰化温度的原则是在保证被测元素不损失的前提下，尽量选择较高的灰化温度以减少灰化时间。　　　　　　　　　　　　　（　　　）

2. 在原子吸收分光光度法中，对谱线复杂的元素常用较小的狭缝进行测定。（　　　）

3. 原子吸收仪器和其他分光光度计一样，具有相同的内外光路结构，遵守朗伯-比尔定律。　　　　　　　　　　　　　　　　　　　　　　　　（　　　）

4. 空心阴极灯的电源为高压电源。　　　　　　　　　　　　　　（　　　）

5. 在原子吸收光谱法中，石墨炉原子化法一般比火焰原子化法的精密度高。（　　　）

6. 石墨炉原子化法比火焰原子化法的原子化程度高，所以试样用量较大。（　　　）

7. 每种元素的基态原子都有若干条吸收线，其中最灵敏线和次灵敏线在一定条件下均可作为分析线。　　　　　　　　　　　　　　　　　　　　　（　　　）

8. 原子吸收光谱分析中的背景干扰会使吸光度增加，因而导致测定结果偏低。（　　　）

9. 原子吸收光谱法用标准加入法定量分析不能消除背景干扰。　　　（　　　）

10. 灵敏度和检测限是衡量原子吸收光谱仪性能的两个重要指标。　　　（　　　）

四、计算题

在石墨炉原子吸收光谱仪上，用标准加入法测定试样溶液中 Cd 的含量。取两份试液各 20mL 于 2 个 50mL 的容量瓶中，往其中一只容量瓶中加入 2mL 10 μg/mL 的镉标准溶液，另一只容量瓶不加，稀释定容至刻度后测定其吸光度值。加入标准溶液的测定液的吸光度值为 0.116，不加标准溶液的测定液测得的吸光度值为 0.042，求试样溶液中 Cd 的含量。

 ———————— 阅读材料

镉对人体健康及自然环境的影响

"镉大米"是怎么生产出来的？镉是如何污染环境和食品的？

环境中的镉主要来源于地壳和工业污染。植物性食品中镉主要来源于冶金、冶炼、陶瓷、电镀工业及化学工业（如电池、塑料添加剂、食品防腐剂、杀虫剂、颜料）等排出的"三废"。镉通常通过废水、废气排入环境中，含镉工业废气扩散并自然沉降，蓄积于工厂周围的土壤中，铅锌矿的选矿废水和有关工业（电镀、碱性电池）废水排入地面水或渗入地下水，污染水源和土壤，再通过灌溉、种植等途径污染农作物。

研究表明，水稻是对镉吸收最强的大宗谷类作物，其籽粒镉水平仅次于生菜。"镉大米"的形成过程见图 2-4。动物性食物中的镉也主要来源于自然环境，正常情况下，镉的含量是比较低的。但在污染环境中，镉在动物体内有明显的生物蓄积倾向。生态环境部于 2024 年 6 月 5 日发布的《2023 中国生态环境状况公报》显示，全国土壤环境风险得到基本管控，土壤污染加重趋势得到初步遏制。需要注意的是，镉污染的具体情况可能因地区、时间和工业活动等因素而有所不同。正常情况下每公斤土壤含镉量一般为 0.01～2mg，平均值约为 0.35mg，但炼铝厂附近及其下风向地区、含镉废渣堆积地区土壤中含镉浓度可能很高。

20 世纪曾发生的"痛痛病"公害事件

镉（Cd）是对水稻污染最严重的重金属。20 世纪 60 年代，日本富山县出现一种怪病，患者多为更年期妇女，且局限于神通川流域的灌溉地带，当地人迁到外地则不发病。临床上最先表现为腰疼、背疼、膝关节疼，之后遍及全身。活动时疼痛加重，多发生病理性骨折，从而引起身躯缩短，骨骼出现严重畸形，严重时，一些轻微的活动或咳嗽都可以造成骨折，重者长期卧床，日夜喊痛，故名"痛痛病"。开始病因不明，经大量流行病学调查和实验研究证实，"痛痛病"是由慢性镉中毒所引起。"痛痛病"被确定为日本四大公害病之一。

除了含镉食物这个主要中毒来源，还有哪些物品会导致镉中毒？

日常生活中，镉还有可能出现在饰品中，含有镉的饰品在回收或佩戴过程

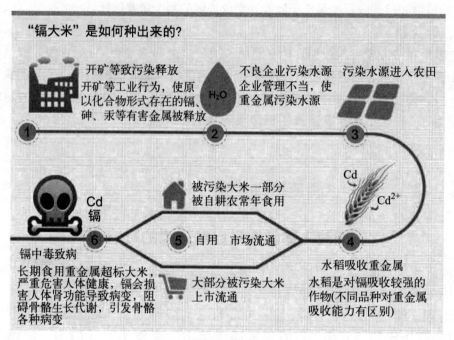

图 2-4 "镉大米"的形成过程

中，其中的镉会渗入环境及人体，会在自然界特别是水体、土壤和人体中累积和富集，以致扰乱生态系统，进而危害人类健康。

除此之外，经常给孩子佩戴饰品的家长们也应注意，美国研究报告显示，大量儿童饰品中被发现含有大量有毒金属镉。很多儿童都爱将一些饰品含在嘴里，无形中增加了重金属中毒的概率，进而影响儿童肾功能和脑部发育。按照美国消费品安全委员会（CPSC）的规定，儿童饰品中的可溶性镉含量为 $18\mu g$，在对一些饰品的检测中发现，有些饰品镉含量超过 $18\mu g$，有些超出 100 多倍，而破损饰品含镉量又会变为原来的 30 倍。因此，质监部门提醒经销商和消费者谨慎购买金属饰品，尤其是金属发饰。

废水中汞的测定

汞，元素符号 Hg，俗称水银，是常温常压下唯一以液态形式存在的金属。汞常温下即可蒸发，汞蒸气和汞的化合物多有剧毒（慢性），是一种对人体有害的重金属。 2017 年 10 月 27 日，世界卫生组织国际癌症研究机构公布的致癌物清单初步整理参考，汞和无机汞化合物在 3 类致癌物清单中。 2019 年 7 月 23 日，汞及汞化合物被列入第一批有毒有害水污染物名录。

最危险的汞有机化合物是二甲基汞 $[(CH_3)_2Hg]$，仅几微升二甲基汞接触在皮肤上就可以致死。

汞可以在生物体内积累，很容易被皮肤以及呼吸道和消化道吸收。水俣病是汞中毒的一种。汞破坏中枢神经系统，对口、黏膜和牙齿有不良影响。长时间暴露在高汞环境中可以导致脑损伤甚至死亡。

任务描述

某第三方检测机构业务室接到环保监测站委托的检测任务，委托方根据业务室提供的检测委托单填写样品信息。业务室审核确认实验室有该资质及能力分析此项目后，将委托单流转至检测室，由检测室主任审核批准同意分析该样品。业务室将样品交给样品管理员，样品管理员根据项目安排派发检测任务。理化检验室检测员根据检测任务分配单各自领取实验任务，按照样品检测分析标准进行分析。实验结束后两个工作日内，检测员统计分析数据，交给检测室主任审核，数据没问题则流转到报告编制员手中编制报告，报告编制完成后流转到报告一审、二审人员，最后流转到报告签发人手中审核签发。

作为检测员的你，接到的检测任务是送检废水中汞的测定。请你按照标准要求，制定检测方案，完成分析检测，并出具检测报告。要求在样品送检当日完成汞的测定，结果的重复性要求为 $\pm 0.03\mu g/L$。工作过程符合 HSE 规范要求，检测过程符合 HJ 694—2014《水质　汞、砷、硒、铋和锑的测定　原子荧光法》标准要求。

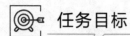

任务目标

完成本学习任务后，应当能够：

① 正确制备样品；

② 陈述原子荧光光谱仪的工作原理和仪器的基本构造；

③ 依据 HJ 694—2014《水质　汞、砷、硒、铋和锑的测定　原子荧光法》和学校实验条件，以小组为单位制订实验计划，在教师引导下进行可行性论证；

④ 服从组长分工，独立做好分析仪器准备和实验用溶液的配制工作；

⑤ 能操作原子荧光分光光度计，独立完成废水中汞的测定，检测结果符合要求后出具检测报告；

⑥ 在教师引导下，对测定过程和结果进行初步分析，提出个人改进措施；

⑦ 按 HSE 要求，做好实验前、中、后的物品管理和操作安全等工作；

⑧ 通过阅读原子荧光光谱在我国的发展及主要突破，增强创新意识；

⑨ 培养环保意识和与人交流的能力。

建议学时

30 学时

明确任务

任务名称	废水中汞的测定		委托单编号	
检测性质	□监督性检测　□竣工验收检测　□委托检测　☑来样分析　□其他检测；			
委托单位：	地址：		联系人：	联系电话：
受检单位：	地址：		联系人：	联系电话：
检测地点：		委托时间：		要求完成时间：

续表

	类别	序号	检测点位	检测/分析项目(采样依据)	检测频次	执行标准
检测工作内容	环境空气	1				—
	☑废水 □污水 □地表水 □地下水	2		□pH 值　□悬浮物　□化学需氧量 □氨氮　□总氮　□总磷 □溶解氧　□石油类□硝酸盐氮 □生化需氧量　□亚硝酸盐氮 □挥发酚　□硫酸盐　□氰化物 □总硬度　□硫化物　□砷 □阴离子表面活性剂　□氯化物 □铬　□氟化物　□六价铬　☑汞 □高锰酸盐指数　□镉　□铅　□铜 □锌　□其他 (　　　　　　　　　　)采样依据：	每天采样 1 次	HJ 694—2014
	环境噪声	3				—
任务下达		业务室签名：　　　　　　　　　　　　　　　年　　　　月　　　　日				
质控措施		采样质控:□检测前、后校准仪器(□流量　□标气　□噪声)　□现场空白 　　　　　□现场 10％平行样(明码)　　　□其他 室内分析质控：□加标　　□10％平行双样　　□质控样　　□其他： 质量保障部签名：　　　　　　　　　　　年　　　　月　　　　日				
任务批准		注意事项： 检测室签名：　　　　　　　　　　　　　年　　　　月　　　　日				
备注：						

1. 请用记号笔标出任务委托单中的关键词，把关键词写在下面的横线上。

_____

_____

2. 请根据委托单的内容简述该任务的要求。

_____

_____

_____

小知识

1. 水银温度计和血压计等设备含有汞，不小心打碎后，可以立即把肉眼可见的碎汞珠用纸片收集到密封的水瓶里保存，也可以用硫粉覆盖散落的汞，使硫与汞化合生成 HgS，防止汞蒸气进入空气中，引发中毒。

2. 为了完全去除汞污染，也可以用碘蒸气熏蒸的方法熏蒸室内数次，直至碘化亚铜试纸不变色。

3. 实验证明，日常泄漏的汞可以用家庭常用的透明胶带粘起并收集，效果好于纸片，发生水银温度计或血压计汞泄漏可用此方法处理。

 素质拓展阅读

绿色高效新锂电池回收技术

预计 2030 年全球废弃锂电池达 200 万吨/年，若处理不当，将严重威胁环境与公众健康。当前锂电池回收方法有火法、湿法和直接回收法，均存弊端。

中国科学院北京纳米能源与系统研究所王中林院士、唐伟研究员团队创新提出接触电致催化新机制，开发出高效锂电池回收技术。该技术以常见的沙子主要成分二氧化硅作催化剂，以机械能驱动，利用其与水接触起电产生的电子转移诱导活性物质，还原电极粉末中高价态金属，使锂、镍等金属有效浸出，通过简单离心分离即可回收循环利用，降低成本。

活动 二

获取信息

一、汞的危害和来源

看一看

1. 汞及其危害

汞是一种有毒的银白色一价或二价重金属元素，它是常温下唯一的液体金属，游离存在于自然界并存在于辰砂、甘汞及其他几种矿中。常常用焙烧辰砂和冷凝汞蒸气的方法制取汞，它主要用于科学仪器（电学仪器、控制设备、温度计、气压计）及汞锅炉、汞泵和汞气灯中。

　　汞是电池、采矿等行业常用的重金属之一，汞及其化合物可通过呼吸道、皮肤或消化道等不同途径侵入人体（皮肤完好时短暂接触不会中毒）。汞的毒性是积累的，需要很长时间才能表现出来。食物链对汞有极强的富集能力，淡水鱼和浮游植物对汞的富集倍数为 1000，淡水无脊椎动物对汞的富集倍数为 100000，海洋动物对汞的富集倍数为 200000。汞能引起头晕、恶心、呕吐、肾脏损伤等急性中毒和慢性中毒。汞对肾脏的损害，以肾近曲小管上皮细胞为主，还可引起免疫功能紊乱，产生自身抗体，发生肾病综合征或肾小球肾炎。

2. 汞的来源

　　人们主要受无机汞（元素汞 Hg，二价汞）和有机汞（甲基汞等）的影响。

　　无机汞对身体健康的危害有限，普通人主要通过补牙、服用一些中药、使用高汞含量的化妆品和香皂等接触。此外，还有一些从事专业生产或者使用汞及其化合物的职业人群，如汞矿开采冶炼、氯碱车间、混汞法炼金的金矿、温度计厂、一些金属冶炼车间的工人及牙科医生等。无机汞进入体内的主要途径是呼吸、口腔摄取和皮肤吸收。呼吸是汞蒸气暴露的最重要途径，80% 左右的吸入汞蒸气可以透过肺泡进入血液。使用一些高无机汞含量的美白护肤品也可以造成汞吸收和积累。

　　甲基汞主要影响的是一些长期接触汞作业的人群。比如牙医，其体内的甲基汞含量是不接触者的 5 倍。甲基汞化合物主要用作农药杀菌剂，所以从事类似职业的人群体内含量较多。甲基汞易被皮肤、呼吸道接触并吸收、积累；同时，大量吸入或误食是导致甲基汞含量增加的主要原因。此外，甲基汞易透过胎盘从母体转移给胎儿。

✐ 写一写

　　1. 汞对人体的危害主要有哪些途径？

　　2. 哪种形态汞对人体的危害较大？

二、水中汞含量测定的方法

 看一看

　　水中汞含量测定的方法有分光光度法、冷原子吸收光谱法、原子荧光法、气相色谱法、液相色谱法等。水质总汞含量测定可采用高锰酸钾-过硫酸钾消解双硫腙分光光度法进行测定，该方法适用于生活污水、工业废水和受汞污染的地面水的检测，对汞的最低检测浓度是 $2\mu g/L$，最高检测浓度为 $40\mu g/L$。冷原子吸收光谱法适用于地下水资源调查、评价、监测水中痕量汞的测定，该方法测定水样中汞的含量范围是 $0.10\sim5.0\mu g/L$。原子荧光法适用于地表水、地下水、生活污水和工业废水中汞的溶解态和汞总量的测定，该方法的检测限为 $0.16\mu g/L$。气相色谱法适用于地面水及污水中甲基汞和乙基汞的测定，用带电子捕获检测器的气相色谱进行分析，可测定甲基汞的最低浓度达 $10ng/L$。液相色谱法适用于地表水、生活污水、工业废水中甲基汞的测定。

　　采用原子荧光法测定水中汞的含量会有多种干扰因素，在酸性介质中能与硼氢化钾反应生成氢化物的元素产生的干扰，可通过加入硫脲＋抗坏血酸进行消除。可通过选用石英管原子化器，降低荧光猝灭对测定的影响。

 写一写

　　工业废水中汞含量采用什么方法测定？如果浓度过高怎么办？

三、原子荧光法的测定原理和仪器构造

 看一看

（一）原子荧光光谱仪的原理

　　原子荧光光谱仪是利用硼氢化钾或硼氢化钠作为还原剂，将样品溶液中的待分析元素还原为挥发性共价气态氢化物（或原子蒸气），然后借助载气将其

导入原子化器，在氩-氢火焰中原子化而形成基态原子。基态原子吸收光源的能量而变成激发态，激发态原子在去活化过程中将吸收的能量以荧光的形式释放出来，此荧光信号的强弱与样品中待测元素的含量呈线性关系，可根据原子荧光强度的高低测得试样中待测元素的含量。原子荧光光谱仪的工作原理见图 3-1。

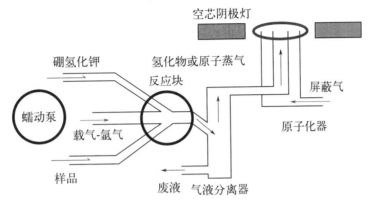

图 3-1　原子荧光光谱仪工作原理图

（二）原子荧光光谱仪基本构造

原子荧光光谱仪的结构见图 3-2。

图 3-2　原子荧光光谱仪的结构

1. 激发光源

常用锐线光源作为光源，主要有空心阴极灯（图 3-3）、无极放电灯等，能发出强度高、稳定的光源，可得到更好的检出限。

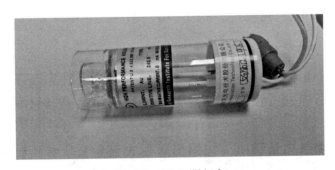

图 3-3　空心阴极灯

2. 光学系统

通过滤光器或光栅分离分析线和邻近谱线，接收有用的荧光信号，减少或除去杂散光，降低背景。

3. 原子化器

产生基态原子，一般为电热屏蔽式石英炉，氩-氢火焰。内气由氢化物蒸气、氩气、氢气组成，外气为氩气，可防止氢化物被氧化，提高原子化效率，防止荧光猝灭，保持原子化环境的相对稳定。

4. 检测系统

检测荧光强度，常用日盲光电倍增管。检测器与激发光束呈直角配置，以避免激发光源对检测原子荧光信号的影响。

四、仪器的使用

看一看

扫码观看视频，记录操作要点。

原子荧光法测定废水中汞的含量

写一写

1. 查阅原子荧光光谱仪的使用手册，将各部件的名称标注在图 3-4 横线上。

图 3-4　原子荧光光谱仪图示

2. 查阅相关资料，结合操作视频补充完善原子荧光光谱仪的操作步骤。

序号	操作流程	操作图示	操作步骤及注意事项
1	样品预处理及溶液配制	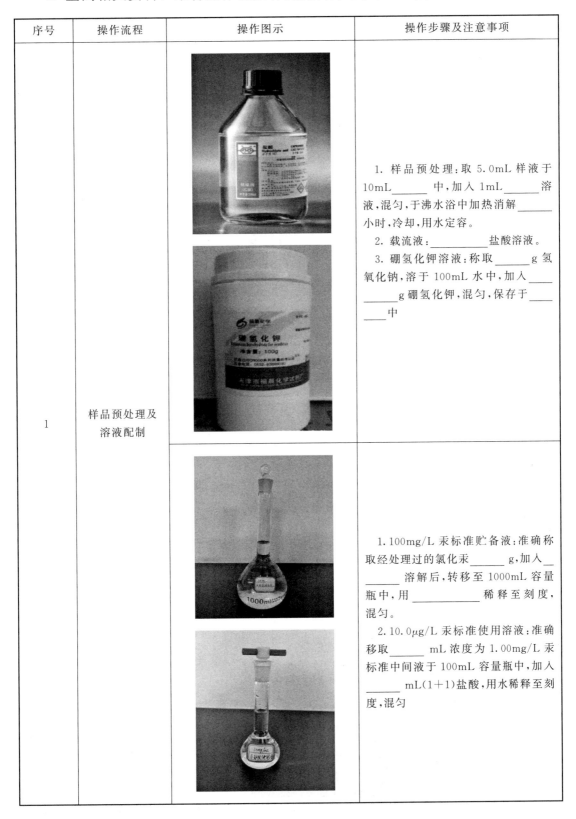	1. 样品预处理：取 5.0mL 样液于 10mL _____ 中，加入 1mL _____ 溶液，混匀，于沸水浴中加热消解 _____ 小时，冷却，用水定容。 2. 载流液：_____盐酸溶液。 3. 硼氢化钾溶液：称取 _____ g 氢氧化钠，溶于 100mL 水中，加入 _____ g 硼氢化钾，混匀，保存于 _____ 中 1. 100mg/L 汞标准贮备液：准确称取经处理过的氯化汞 _____ g，加入 _____ 溶解后，转移至 1000mL 容量瓶中，用 _____ 稀释至刻度，混匀。 2. 10.0μg/L 汞标准使用溶液：准确移取 _____ mL 浓度为 1.00mg/L 汞标准中间液于 100mL 容量瓶中，加入 _____ mL(1+1)盐酸，用水稀释至刻度，混匀

序号	操作流程	操作图示	操作步骤及注意事项
2	仪器准备	 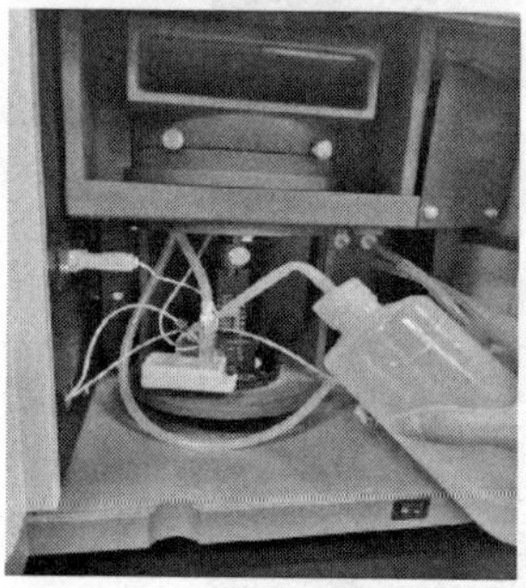	1. 打开氩气钢瓶阀,调节输出压力为_____MPa。 2. 检查_____,确保水封有水
3	样品测量	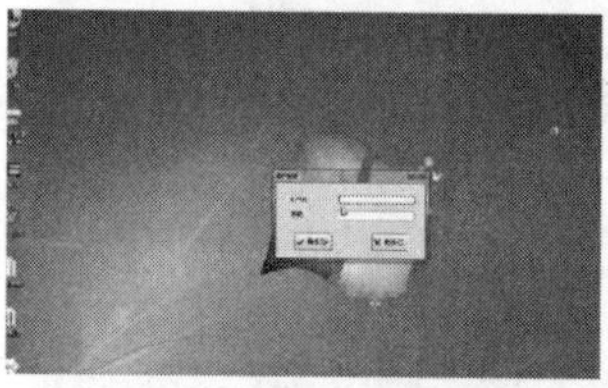 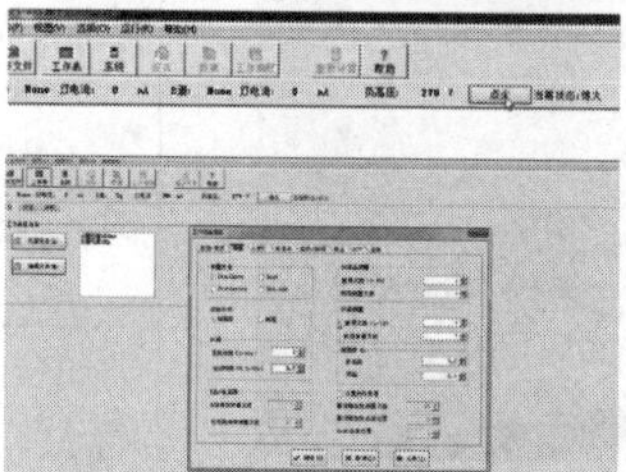	1. 打开仪器主机电源,打开电脑,双击电脑桌面仪器图标;点检测,待仪器完成_____。 2. 点击_____预热。 3. 设置_____
		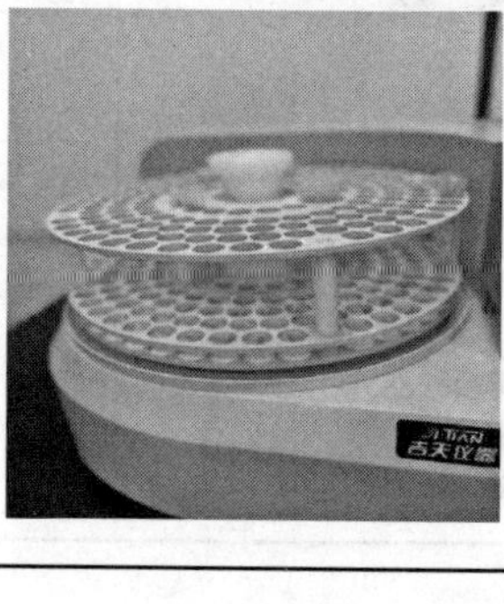	1. 将标准溶液和待测样品置于_____。 2. 将_____、还原溶液置于相应位置

续表

序号	操作流程	操作图示	操作步骤及注意事项
3	样品测量	  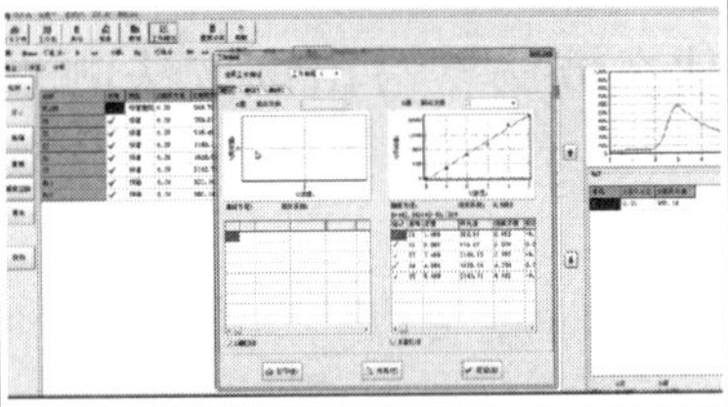 	3. 压紧＿＿＿＿＿＿＿。 4. 依次测定＿＿＿＿、＿＿＿＿和＿＿＿＿,记录实验数据
4	结束工作	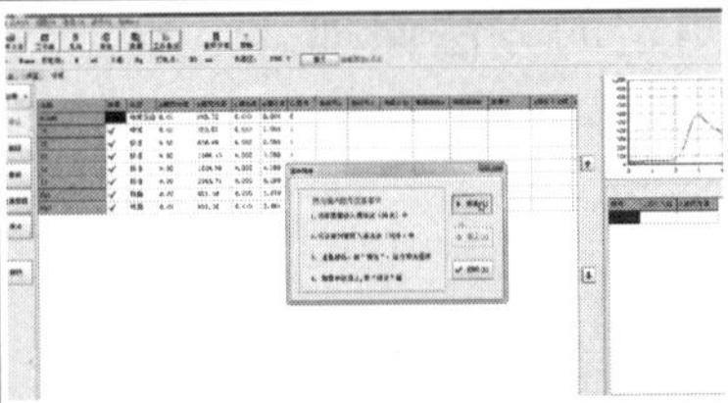   	1. 测定结束后,将＿＿＿＿＿＿＿放入超纯水中,清洗管路。 2. 清洗结束后熄火,关仪器,关氩气。 3. 松开蠕动泵＿＿＿＿＿。 4. 清理桌面,填写＿＿＿＿＿＿

制订与审核计划

一、查找与阅读标准

查阅 GB 8978—1996《污水综合排放标准》和 HJ 694—2014《水质　汞、砷、硒、铋和锑的测定　原子荧光法》，回答以下问题。

1. 根据污水综合排放标准规定，什么是第一污染物和第二污染物？汞属于哪类污染物？

2. 工业废水中汞测定采用什么方法？写出该方法测汞的检出限和测定限。

3. 试述工业废水中汞含量测定的方法原理。

二、制订实验计划

依据 HJ 694—2014《水质　汞、砷、硒、铋和锑的测定　原子荧光法》，结合学校的实验条件，以小组为单位，讨论并制订工业废水中汞测定的实验计划。

1. 根据小组用量，填写试剂准备单

序号	试剂名称	等级或浓度	数量	配制方法

2. 检查本次任务用到的危险化学品，填写危险化学品清单

化学品名称	危险性说明	应急处置措施	领用要求及注意事项

3. 根据个人需要，填写仪器使用清单

序号	仪器名称	规格	数量	仪器维护情况

4. 列出主要分析步骤，合理分配时间，填写工作计划表

序号	主要步骤	所需时间	操作要点及注意事项

三、审核实验计划

（1）组内讨论，形成小组实验计划。

（2）各小组展示实验计划，并做简单介绍。

（3）小组之间互相点评，记录其他小组对本小组的评价意见。

（4）结合教师点评，修改完善本组实验计划。

评价小组	计划制订情况（优点和不足）	小组互评分	教师点评
平均分：			

注：1. 小组互评可从计划的完整性、合理性、条理性等方面进行评价。

2. 对其他小组的实验计划进行排名，按名次分别计 10 分、9 分、8 分、7 分、6 分。

素质拓展阅读

原子荧光光谱在我国的发展及主要突破

原子荧光光谱法是 20 世纪 60 年代中期提出并迅速发展起来的新型光谱技术。20 世纪 70 年代末，郭小伟等研制成功了溴化物无极放电灯，为原子荧光分析技术的进一步深入研究和发展奠定了基础。1983 年，郭小伟等研制了双通道原子荧光光谱仪，后将该技术转让给北京地质仪器厂，即现在的海光仪器公司，开创了领先世界水平的有我国自主知识产权的分析仪器先河。在此后的 20 多年中，郭小伟等在开发原子荧光分析方法仪器的设计研制，尤其在氢化物发生原子荧光分析方面做了大量卓有成效的工作，使我国在 HG-AFS 技术领域处于国际领先地位。

实施计划

一、组内分工，准备仪器和配制溶液

序号	任务内容	负责人
1	领取实验所需的化学试剂	
2	领取实验所需的容量瓶、吸量管等玻璃仪器	

续表

序号	任务内容	负责人
3	检查气体管路的气密性	
4	检查仪器的状态	
5	配制溶液	

二、仪器的使用维护

打开仪器前，检查：☐安装待测物质元素灯　　☐未安装待测物质元素灯
　　　　　　　　　　☐拧紧蠕动泵压块　　　　☐未拧紧蠕动泵压块

使用仪器前，检查：☐已打开氩气　　　　　　☐未打开氩气
　　　　　　　　　　☐已调节分压为 0.3MPa　☐未调节分压为 0.3MPa
　　　　　　　　　　☐点火成功　　　　　　　☐点火未成功

关闭仪器前，检查：☐已清洗管路　　　　　　☐未清洗管路
　　　　　　　　　　☐松开蠕动泵压块　　　　☐未松开蠕动泵压块
　　　　　　　　　　☐已关闭氩气　　　　　　☐未关闭氩气

三、样品测量，填写数据记录表

检验日期＿＿＿＿＿＿＿　实验开始时间＿＿＿＿＿　结束时间＿＿＿＿＿　室温＿＿＿＿℃

工业废水中汞含量的测定记录表格（Ⅰ）

样品名称							
执行标准				检测方法			
仪器名称(编号)							
仪器条件		灯电流：　　mA；负高压：　　V；载气流量：　　mL/min 屏蔽气流量：　　mL/min；原子化器高度：　　mm；进样量：						
标准溶液配制		氯化汞质量		m_1			
				m_2			
				m			
		定容体积/mL					
		Hg 标准贮备液浓度/(mg/L)					
		Hg 标准使用液浓度/(ng/mL)					
标准曲线	编号	0	1	2	3	4	5
	浓度						
	荧光值						
	回归方程	$r=$					

续表

序号	1	2	3
空白荧光值			
测定样品荧光值			
测定样品汞含量			
稀释倍数			
待测样品汞含量			
平均值			
极差/%			

工业废水中汞含量的测定记录表格 (Ⅱ)

样品名称						
执行标准			检测方法			
仪器名称(编号)						
仪器条件	灯电流： mA；负高压： V；载气流量： mL/min 屏蔽气流量： mL/min；原子化器高度： mm；进样量：					

标准溶液配制	氯化汞质量		m_1			
			m_2			
			m			
	定容体积/mL					
	Hg 标准贮备液浓度/(mg/L)					
	Hg 标准使用液浓度/(ng/mL)					

标准曲线	编号	0	1	2	3	4	5
	浓度						
	荧光值						
	回归方程	$r=$					

序号	1	2	3
空白荧光值			
测定样品荧光值			
测定样品汞含量			
稀释倍数			
待测样品汞含量			
平均值			
极差/%			

检验员 _____　　　　　　　　　　复核员 _____

四、数据处理过程及结果判定

1. 列出待测样品中汞含量的计算过程，按标准要求保留有效数字。

2. 根据 GB 8978—1996《污水综合排放标准》要求给出检测结论。

GB 8978—1996
《污水综合排放标准》

活动
五

检查与改进

一、分析实验完成情况

1. 操作是否符合规范要求

　　（1）正确说出原子荧光光谱仪各主要部件名称。　　　　　□是　　　□否
　　（2）正确说出各功能键的作用。　　　　　　　　　　　　□是　　　□否
　　（3）正确检查气路气密性和水封。　　　　　　　　　　　□是　　　□否
　　（4）正确使用氩气钢瓶。　　　　　　　　　　　　　　　□是　　　□否
　　（5）正确配制汞标准系列溶液。　　　　　　　　　　　　□是　　　□否
　　（6）正确使用仪器操作软件设置仪器参数并完成测定。　　□是　　　□否
　　（7）熟悉开关机顺序。　　　　　　　　　　　　　　　　□是　　　□否
　　（8）测定结束后，将载流和还原剂毛细管放入超纯水中清洗。□是　　　□否
　　（9）关机后松开蠕动泵压块。　　　　　　　　　　　　　□是　　　□否
　　（10）分析结束后，规范填写仪器使用记录。　　　　　　□是　　　□否

2. 实验数据记录和处理是否规范正确

　　（1）实验数据记录　　　□无涂改　　　□规范修改（杠改）　　　□不规范涂改

（2）有效数字保留　　□全正确　　□有错误，_____处

（3）汞含量计算　　　□全正确　　□有错误，_____处

（4）其他计算　　　　□全正确　　□有错误，_____处

3. HSE 执行情况及工作效率

（1）按要求穿戴工作服和防护用品。　　　　　　　　□是　　　　□否

（2）废液、废固按要求处理。　　　　　　　　　　　□是　　　　□否

（3）无仪器损坏。　　　　　　　　　　　　　　　　□是　　　　□否

（4）未发生安全事故（灼伤、烫伤、割伤等）。　　　□是　　　　□否

（5）实验中仪器摆放整齐。　　　　　　　　　　　　□是　　　　□否

（6）实验后，清洗仪器、整理桌面。　　　　　　　　□是　　　　□否

（7）在规定时间内完成实验，用时_____min。　　　□是　　　　□否

4. 教师点评测定结果是否符合允差要求

（1）测定结果的精密度　□极差≤ 0.03μg/L　　　□极差＞ 0.03μg/L

　　　　　　　　　　　□相关系数≤ 0.995　　　□相关系数＞ 0.995

（2）测定结果的准确度（统计全班学生的测定结果，计算出参照值）

　　　　　□误差≤参照值10%　　　　　□误差＞参照值10%

（3）全班有效测定结果平均值_____，本人测定结果_____，本次测定结果　　　　　　　　　　　　　　□ 有效　□无效。

二、列出存在的问题，改进后再次实验

1. 列出实验过程中存在的问题及改进措施。

2. 再次实验，并撰写检验报告。

根据实验完成情况分析，进一步规范自身操作，减少系统误差和偶然误差，提高分析结果的精密度和准确度，同时撰写电子版检测报告。

📚 小知识

1. 第三方检测机构常见的委托单、记录表格

请扫描二维码了解。

检测机构常见的委托单、原始记录

2. 仪器使用注意事项

① 仪器应配备稳压电源并具有良好的接地。

② 更换元素灯时，一定要关闭主机电源。

③ 仪器使用前应检查气液分离器中是否有水。

④ 分析结束后，清洗管路，排空废液，使管路处于放空状态。

⑤ 元素灯不能长期放置不用，要隔半个月就上机使用一下。

⑥ 实验室所用的玻璃器皿均需用（1＋1）硝酸浸泡 24 小时，或用热硝酸荡洗。清洗时依次用自来水、去离子水洗净。

3. 原子荧光的优点

① 非色散系统、光程短、能量损失少。

② 结构简单，故障率低。

③ 灵敏度高，检出限低，与激发光源强度成正比。

④ 可接收多条荧光谱线。

⑤ 适合于多元素分析。

⑥ 线性范围宽，达 3 个量级。

⑦ 原子化效率高，理论上可达到 100％。

⑧ 没有基体干扰。

⑨可做价态分析。

⑩只使用氩气，运行成本低。

⑪采用氩-氢火焰，紫外透射强，背景干扰小。

评价与反馈

一、个人任务完成情况综合评价

评价项目及标准		配分	自评	互评	师评
学习态度	1. 按时上、下课，无迟到、早退或旷课现象	20			
	2. 遵守课堂纪律，无睡觉、看课外书、玩手机、闲聊等现象				

评价项目及标准		配分	自评	互评	师评
学习态度	3. 学习主动,能自觉完成老师布置的预习任务	20			
	4. 认真听讲,不走神或发呆				
	5. 积极参与小组讨论,发表自己的意见				
	6. 主动代表小组发言或展示操作				
	7. 发言时声音响亮、表达清楚,展示操作较规范				
	8. 听从组长分工,认真完成分派的任务				
	9. 按时、独立完成课后作业				
	10. 及时填写工作页,书写认真、不潦草				
	一个否定选项扣 2 分				
操作规范	1. 正确说出原子荧光光谱仪各主要部件名称	20			
	2. 正确检查气路气密性和水封				
	3. 正确使用氩气钢瓶				
	4. 开关机顺序正确				
	5. 称量操作及容量瓶操作规范				
	6. 正确配制溶液				
	7. 正确使用仪器操作软件设置仪器参数并完成测定				
	8. 测定结束后,将载流和还原剂毛细管放入超纯水中清洗				
	9. 关机后松开蠕动泵压块				
	10. 规范填写仪器使用记录				
	一个否定选项扣 2 分				
HSE 及工作效率	1. 按要求穿戴工作服和防护用品	10			
	2. 实验过程中仪器摆放整齐				
	3. 实验过程中无仪器损坏和安全事故发生				
	4. 实验结束后废液、废固按要求处理				
	5. 在规定时间内完成实验				
	一个否定选项扣 2 分				
过程记录	及时进行原始数据记录 每错一项扣 1 分,最多扣 2 分	10			
	正确记录、修约与保留有效数字 每错一项扣 1 分,最多扣 2 分				
	正确计算废水中汞的含量 每错一项扣 3 分,最多扣 6 分				

续表

评价项目及标准			配分	自评	互评	师评
过程记录	计算过程有伪造数据或篡改数据,数据作废,按 0 分计		10			
测定结果	工作曲线线性	$r \geqslant 0.9999$,扣 0 分	10			
		$0.9995 \leqslant r < 0.9999$,扣 2 分				
		$0.999 \leqslant r < 0.9995$,扣 4 分				
		$0.995 \leqslant r < 0.999$,扣 6 分				
		$0.99 \leqslant r < 0.995$,扣 8 分				
		$r < 0.99$,扣 10 分				
	精密度	平行测定结果的极差$\leqslant 0.03 \mu g/L$	20			
	准确度	与参考值的相对误差$\leqslant 10\%$	10			
总分			100			

二、小组任务完成情况汇报

1. 实验完成质量:2 次都合格的人数＿＿＿＿,1 次合格的人数＿＿＿＿,2 次均未合格的人数＿＿＿＿。

2. 自评分数最低的同学说说自己存在的主要问题。

3. 互评分数最高的同学说说自己做得好的方面。

4. 小组长安排组员介绍本组存在的主要问题和做得好的方面。

活动七 拓展专业知识

 想一想

1. 什么是光谱分析法?它可以有哪些分类?

2. 什么叫作荧光猝灭？对分析结果可产生哪些影响？

 相关知识

一、光谱分析法的概述

光谱分析法是根据物质的光谱来鉴别物质及确定其化学组成和相对含量的方法，是以分子和原子的光谱学为基础建立起的分析方法。包含三个主要过程：①能源提供能量；②能量与被测物质相互作用；③产生被检测信号。光谱法分类很多，用物质粒子对光的吸收现象而建立起的分析方法称为吸收光谱法，如紫外-可见吸收光谱法、红外吸收光谱法和原子吸收光谱法等。利用发射现象建立起的分析方法称为发射光谱法，如原子发射光谱法和荧光发射光谱法等。由于不同物质的原子、离子和分子的能级分布是不同的，则吸收光子和发射光子的能量也是不同的。以光的波长或波数为横坐标，以物质对不同波长光的吸收或发射的强度为纵坐标所描绘的图像，称为吸收光谱或发射光谱。可利用物质在不同光谱分析法的特征光谱对其进行定性分析，根据光谱强度进行定量分析。

光谱分析法的分类见图 3-5。

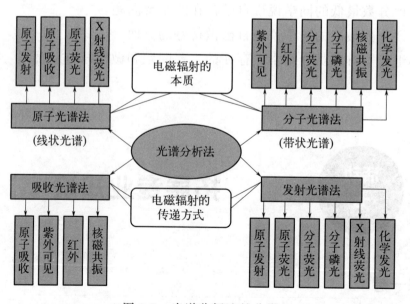

图 3-5　光谱分析法的分类

二、原子发射光谱法

原子发射光谱法是指利用被激发原子发出的辐射线形成的光谱与标准光谱比较，识别物质中含有何种物质的分析方法。用电弧、火花等为激发源，使气态原子或离子受激发后发射出紫外和可见区域的辐射。某种元素原子只能产生某些波长的谱线，根据光谱图中是否出现某些特征谱线，可判断是否存在某种元素。根据特征谱线的强度，可测定某种元素的含量。

三、荧光猝灭

荧光猝灭是指处于激发态的原子，在原子化器中与其他原子或电子发生非弹性碰撞而丧失其能量，荧光强度减弱或完全不产生荧光的现象。与荧光物质发生相互作用而使荧光强度降低的物质叫猝灭剂。

四、质量保证和质量控制

1. 加标回收率

加标回收率是指在没有被测物质的样品基质中加入定量的标准物质，按样品的处理步骤分析，得到的结果与理论值的比值。加标回收包括以下两种：

（1）空白加标回收率　在没有被测物质的空白样品基质中加入定量的标准物质，按样品的处理步骤分析，得到的结果与理论值的比值即为空白加标回收率。

（2）样品加标回收率　相同的样品取两份，其中一份加入定量的待测成分标准物质；两份同时按相同的分析步骤分析，加标的一份所得的结果减去未加标一份所得的结果，其差值与加入标准物质的理论值之比即为样品加标回收率。

加标回收率(%)＝(加标试样测定值—试样测定值)÷加标量×100%

2. 注意事项

① 加标物的形态应和待测物的形态相同。

② 加标量应尽量与样品中待测物含量相等或相近，并应注意对样品体积的影响。

③ 当样品中待测物含量接近方法检出限时，加标量应控制在校准曲线的低浓度范围。

④ 在任何情况下加标量均不得大于待测物含量的 3 倍。

⑤ 加标后的测定值不应超出方法的测定上限的 90%。

⑥ 当样品中待测物浓度高于校准曲线的中间浓度时，加标量应控制在待测物浓度的半量。

⑦ 由于加标样和样品的分析条件完全相同，其中干扰物质和不正确操作等因素所导致的效果相等。当以其测定结果的减差计算回收率时，常不能确切反映样品测定结果的实际效果。

每测定 20 个样品要增加一个空白样测定，全程空白的测试结果应小于方法检出限。

⑧ 每次样品分析应绘制标准曲线，标准曲线的相关系数应大于或等于 0.995。

⑨ 每批样品至少测定 10% 的平行双样，测定结果的相对偏差应不大于 20%。

⑩ 每批样品至少测定 10% 的加标样，加标回收率控制在 70%～130% 之间。

练习题

一、填空题

1. 纯硝酸是无色有刺激性气味的液体，市售浓硝酸的质量分数约为 68%，密度约为 $1.4g/cm^3$，易_____，强_____，强_____。浓硝酸在光照的作用下会分解出二氧化氮而呈黄色，所以常将浓硝酸盛放在_____试剂瓶中，且放置于阴暗处。

2. 吸量管移取汞标准溶液时需要做到：_____
_____
_____。

3. 开机顺序：打开_____钢瓶阀，调节分压表压力为____MPa。检查_____，确保水封有水，_____蠕动泵压块。打开主机电源和软件图标，仪器进入自检后，点开_____，原子化器炉丝点亮，如果点火未成功，可使用_____进行点火。

4. 测定结束后，将载流液和还原剂的毛细管放入_____中，进行_____。关闭_____钢瓶，_____蠕动泵压块。

二、单项选择题

1. 配制汞标准溶液时，为使汞处于氧化态，需加入（　　　）。

A. 高锰酸钾　　　　B. 重铬酸钾　　　　C. 氯化亚锡　　　　D. 抗坏血酸

2. 原子荧光光谱仪的原子化器是（　　　）。

A. 屏蔽式石英炉　　B. 普通石英炉　　　C. 石墨管　　　　D. 石英管原子化器

3. 原子荧光分析中，氩气除了可作为载气，还可作为屏蔽气，以防止氢化物被氧化，抑制（　　）并稳定原子化环境。

　　A. 荧光猝灭　　　　B. 还原反应　　　　C. 置换反应　　　　D. 以上选项都不是

4. 在原子荧光分析中，无论是连续光源还是锐线光源，光源强度越高，其测量线性工作范围（　　）。

　　A. 越宽　　　　　　B. 越窄　　　　　　C. 无变化　　　　　D. 以上选项都不是

5. 屏蔽气的作用是防止（　　）进入火焰，产生荧光猝灭，以保证较高的、稳定的荧光效率。

　　A. 空气　　　　　　B. 水　　　　　　　C. 粉尘　　　　　　D. 二氧化碳

三、判断题

1. 原子吸收光谱仪所用的空心阴极灯也可以用于原子荧光光谱仪。　　　　　（　　）

2. 在一定范围内，荧光分析灵敏度与光源强度成正比。　　　　　　　　　（　　）

3. 原子荧光光谱法和原子吸收光谱法都需要将待测组分原子化。　　　　　（　　）

4. 更换元素灯后，需要重新调节光路。　　　　　　　　　　　　　　　（　　）

5. 同种元素锐线光源有利于共振荧光的激发。　　　　　　　　　　　　（　　）

四、计算题

1. 已知样品汞的测定值为 0.50 μg/L，现加入浓度为 10.0 μg/L 汞标准溶液 2mL 至 100.0mL 待测液中，摇匀后测得其浓度为 0.71 μg/L，求其加标回收率。

2. 配制汞标准溶液时，称取 0.2708g 氯化汞，溶解后定容于 1000mL 容量瓶，取该液 1.00mL 至 250mL 容量瓶中，定容，求该溶液 Hg 的质量浓度。已知汞的摩尔质量为 200.5g/mol，氯化汞的摩尔质量为 271.5g/mol。

 ——————　阅读材料

我国水资源现状

　　水是事关国计民生的基础性自然资源和战略性经济资源。人多水少，水资源时空分布不均是我国的基本水情。虽然我国水资源总量居世界第 6 位，但人均水资源量仅为世界平均水平的 35%，全国有近三分之二的城市不同程度缺水。如水污染使水质恶化将使水短缺雪上加霜。

　　2024 年 4 月，生态环境部公布我国的地表水考核断面中，水质优良（Ⅰ～Ⅲ类）断面比例为 89.9%，同比上升 0.8 个百分点；劣 Ⅴ 类断面比例为 0.7%，同比上升 0.1 个百分点。其中，主要污染指标为化学需氧量、高锰酸盐指数和总磷。

　　有效节水，减少排放，加大污水处理力度，是解决水资源短缺的根本出路。

1. 水污染的分类

　　废水从不同角度有不同的分类方法。据不同来源分为生活废水和工业废水两大类；据污染物的化学类别又可分无机废水与有机废水；也有按工业部门或产生废水的生产工艺分类的，如焦化废水、冶金废水、制药废水、食品废水等。

2. 污染物种类

① 未经处理而排放的工业废水。

② 未经处理而排放的生活污水。

③ 大量使用化肥、农药、除草剂而造成的农田污水。

④ 被堆放在河边的工业废弃物和生活垃圾污染的河水。

⑤ 因过度开采，产生的矿山污水。

3. 水污染的危害

（1）对人体健康的危害　污染的水环境危害人类健康，应引起高度关注。生物性污染主要会导致一些传染病，饮用不洁水可引起伤寒、霍乱、细菌性痢疾、甲型肝炎等传染性疾病。此外，人们在不洁水中活动，水中病原体亦可经皮肤、黏膜侵入机体，如血吸虫病、钩端螺旋体病等。物理性和化学性污染会致人体遗传物质突变，诱发肿瘤和造成胎儿畸形。被污染的水中如含有丙烯腈会致人体遗传物质突变；水中如含有砷、镍、铬等无机物和亚硝胺等有机污染物，可诱发肿瘤的形成；甲基汞等污染物可通过母体干扰正常胚胎发育过程，使胚胎发育异常而出现先天性畸形。

（2）对农业、渔业的危害　使用有毒、含有有害物质的污水直接灌溉农田，污染农田土壤，会使土壤肥力下降，土壤原有的良好结构被破坏，以致农作物品质降低，减产，甚至绝收。尤其是在干旱、半干旱地区，引用污水灌溉，在短期内可能会使农作物产量提高，但在粮食作物、蔬菜中往往积累超过允许含量的重金属等有害物质，通过食物链会危害人类健康。水环境质量对渔业生产具有直接影响。天然水体中的鱼类与其他水生生物由于水污染而数量减少，甚至灭绝；淡水渔场和海水养殖业也因水污染而使鱼的产量减少。海洋污染的后果也十分严重。

（3）对工业生产的危害　水质污染后，工业用水必须投入更多的处理费用，造成资源、能源的浪费。食品工业用水要求更为严格，水质不合格，会使企业停产。这也是工业企业效益不高，质量不好的因素。

（4）水的富营养化的危害　含有大量氮、磷、钾的生活污水的排放，大量有机物在水中降解放出营养元素，促进水中藻类丛生，植物疯长，使水体通气不良，溶解氧下降，甚至出现无氧层，以致水生植物大量死亡，水面发黑，水体发臭形成"死湖""死河""死海"，进而变成沼泽。这种现象称为水的富营养化。富营养化的水臭味大、颜色深、细菌多。这种水的水质差，不能直接利用，水中的鱼类大量死亡（图 3-6）。

图 3-6　水体富营养化

工业乙酸乙酯含量的测定

乙酸乙酯（ethyl acetate），又称醋酸乙酯，为无色澄清液体，化学式是 $C_4H_8O_2$，分子量为 88.11，是一种具有官能团—COOR 的酯类（碳与氧之间是双键），能发生醇解、氨解、酯交换、还原等一般酯的共同反应。其低毒、有甜味、易燃、易挥发，浓度较高时有刺激性气味。

乙酸乙酯除了可作为食用香料，还是应用最广的脂肪酸酯之一，是一种快干型溶剂，具有优异的溶解能力，是极好的工业溶剂，也可用于柱色谱的洗脱剂。乙酸乙酯可用于制备硝酸纤维、乙基纤维、氯化橡胶、乙烯基树脂、醋酸纤维素酯、纤维素乙酸丁酯和合成橡胶；也可用于复印机用液体硝基纤维墨水的制备；可作黏结剂的溶剂、喷漆的稀释剂。乙酸乙酯是许多类树脂的高效溶剂，广泛应用于油墨、人造革生产中，可用作分析试剂、色谱分析标准物质及溶剂。

任务描述

按企业要求，生产部门生产出乙酸乙酯产品后，仓库管理员将根据产品入库情况填写产品检验委托单，委托质监部产品分析岗位的化验员到库房按标准进行取样分析。

作为化验员的你，接到委托检验任务后，请你按照 GB/T 6680—2003 标准要求取样，拿回制样室按要求制备符合检验要求的分析试样，分装在试样瓶中，贴上标签，一瓶待检，一瓶留样备查。乙酸乙酯含量的测定是本次的检测任务，请按 GB/T 12717—2007《工业用乙酸酯类试验方法》制定检测方案，完成分析检测，工作过程符合 HSE 规范要求，并出具检测报告。

任务目标

完成本学习任务后，应当能够：
① 陈述乙酸乙酯的测定方法；
② 陈述气相色谱法的测定方法和原理；

③ 进行气相色谱仪和微量注射进样器的基本操作；

④ 依据分析标准和学校实验条件，以小组为单位制订实验计划，在教师引导下进行可行性论证；

⑤ 服从组长分工，独立做好分析仪器准备和实验用溶液的配制工作；

⑥ 在教师的引导下，利用校正归一化法独立完成样品中乙酸乙酯含量的测定，检测结果符合要求后出具检测报告；

⑦ 对测定过程和结果进行初步分析，提出个人改进措施；

⑧ 按 HSE 要求，做好实验前、中、后的物品管理和操作安全防护等工作；

⑨ 通过学习，树立技能成才的职业理想；

⑩ 通过学习世界技能大赛金牌选手先进事迹，培养吃苦耐劳、敢于拼搏的优秀品质。

建议学时

30 学时

明确任务

一、识读任务委托单

物料名称:工业乙酸乙酯	请验部门:
生产批号:	存放地点:
产量:	检验项目:乙酸乙酯含量
请验日期:	执行标准:GB/T 12717—2007《工业用乙酸酯类试验方法》
备注:	

二、根据检验委托单写出取样量及取样注意事项

小知识

1. 乙酸乙酯的性质

工业用乙酸乙酯是无色易燃液体，闪点 -4℃，自燃温度 427℃，熔点

−84℃，沸点77℃，空气中爆炸极限2.2%～11.5%。其蒸气比空气重，沿地面移动可造成远处着火，遇热、明火易引起激烈燃烧或爆炸。乙酸乙酯对眼睛、皮肤和呼吸道有刺激作用，可能对神经系统有影响。

2. 乙酸乙酯的使用注意事项

工业用乙酸乙酯泄漏时，应远离危险区域，尽可能将泄漏液收集在密闭容器中，用砂土或惰性吸收剂吸收残液，并转移到安全场所，不要冲入下水道。工作场所应保持通风，操作人员应佩戴好防护用品，如不慎吸入，应迅速离开现场至新鲜空气处，保持呼吸道通畅。着火时用砂土、泡沫、二氧化碳、干粉灭火器灭火，用水灭火无效。应避免与乙酸乙酯接触，如果不慎溅到皮肤或眼睛里，应迅速用大量清水或生理盐水冲洗，及时就医。

3. 乙酸乙酯的采样要求

采样的总量不少于1L，样品充分混匀后，分装于两个清洁、干燥、带磨口塞的玻璃瓶中，贴上标签，注明生产厂家名称、批号、规格、采样日期和采样人，一瓶供分析检验用，一瓶保存备查。

4. 储存和运输的要求

工业用乙酸乙酯应储存在阴凉、通风、干燥的场所，贮存过程中应防潮。运输过程中应按照危险品进行运输。乙酸乙酯不能与强氧化剂、强碱、强酸和硝酸盐共同运输，以防产生剧烈反应，导致火灾或爆炸。

获取信息

一、乙酸乙酯的生产工艺

 看一看

1. 乙酸乙酯的工业制法

乙酸乙酯的工业制法有乙醇乙酸酯化法、乙醛缩合法、乙烯加成法和乙醇脱氢法四种，各种方法有其优缺点，四种工业制法的比较见表4-1。

表 4-1　乙酸乙酯的工业制法

乙醇乙酸酯化法	乙醛缩合法	乙烯加成法	乙醇脱氢法
乙醇乙酸酯化法是传统的乙酸乙酯生产方法，技术成熟，在催化剂存在下，由乙酸和乙醇发生酯化反应而得：$CH_3CH_2OH+CH_3COOH$ $\longrightarrow CH_3COOCH_2CH_3$ $+H_2O$ 该法生产乙酸乙酯的主要缺点是成本高、设备腐蚀性强，在国际上属于被淘汰的工艺路线	在催化剂乙醇铝的存在下，两分子的乙醛自动氧化和缩合，重排形成一分子的乙酸乙酯：$2CH_3CHO \longrightarrow CH_3COO$ CH_2CH_3 20 世纪 70 年代，该方法在欧美、日本等地已大规模应用，在生产成本和环境保护等方面都有着明显的优势。在乙醛原料较丰富的地区，万吨级以上的乙醛缩合法装置得到了广泛应用	以附载在二氧化硅等载体上的杂多酸金属盐或杂多酸为催化剂，乙烯气相水合后与气化乙酸直接酯化生成乙酸乙酯：$CH_2CH_2 + CH_3COOH$ $\longrightarrow CH_3COOCH_2CH_3$ 该法是一种较先进的生产工艺，是未来一段时间内发展的方向，国外新建装置大多采用该工艺	采用铜基催化剂使乙醇脱氢生成粗乙酸乙酯，经高低压蒸馏除去共沸物，得到纯度为 99.8% 以上乙酸乙酯：$2C_2H_5OH \longrightarrow CH_3COO$ $CH_2CH_3+H_2$ 乙醇脱氢法是近年开发的新工艺，在乙醇丰富的地区得到了推广

2. 乙酸乙酯生产工艺流程

乙醇乙酸酯化法制备乙酸乙酯的流程图见图 4-1。

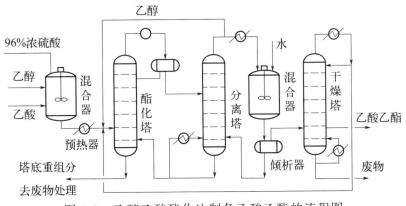

图 4-1　乙醇乙酸酯化法制备乙酸乙酯的流程图

写一写

1. 为什么乙酸乙酯合成过程中采用浓硫酸为催化剂？是否可以用盐酸或硝酸替代？

2. 工业用乙酸乙酯成品中可能会掺杂哪些杂质?

二、气相色谱法的测定原理和仪器构造

 看一看

1. 气相色谱的工作原理

　　色谱法是利用组分在两相间分配系数不同而进行分离的技术。气相色谱法是以气体作为流动性的色谱分离方法,根据固定相的不同可分为气-固色谱和气-液色谱两大类:气-固色谱分离基础是吸附与解吸,气-液色谱分离的基础是分配作用。试样由进样器进入气化室,液体试样在高温作用下立即气化为气体被载气带入色谱柱。由于色谱柱中的固定相对试样中不同组分的吸附能力或溶解能力不同,因此吸附能力弱或者溶解能力弱的组分流出色谱柱的速度快,吸附能力强或溶解能力强的组分流出色谱柱的速度慢,从而试样中各种组分彼此分离而先后流出色谱柱,然后进入检测器。检测器将混合气体组分的浓度或质量转变成为电信号,经放大器放大后,通过记录仪得到色谱峰。气相色谱仪测定流程图见图 4-2。

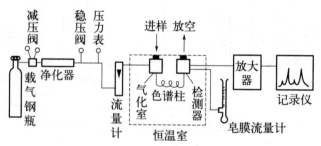

图 4-2　气相色谱仪测定流程图

2. 气相色谱仪基本构造

　　气相色谱仪由气路系统、进样系统、分离系统、检测系统、温度控制系统、数据处理系统六大部分组成。

　　(1) 气路系统　分单柱单气路和双柱双气路两种类型。

　　气相色谱仪中的气路是一个载气连续运行的密闭管路系统。整个气路系统要求载气纯净、密闭性好、流速稳定及流速准确测量。

气路系统主要部件有气源（气体钢瓶或气体发生器）、减压阀、净化管、稳压阀、针型阀、稳流阀和管路。

（2）进样系统　进样系统包括进样器和气化室。其主要任务是将样品定量引入色谱系统，并使样品有效气化，然后经载气快速"扫入"色谱柱。

气体一般通过六通阀进样。

（3）分离系统　包括柱箱和色谱柱，其中色谱柱是核心，其主要作用是将多组分样品分离为单一组分。色谱柱一般可分为填充柱和毛细管柱（图 4-3）。

(a) 填充柱　　　　　　　　　　(b) 毛细管柱

图 4-3　色谱柱

（4）检测系统　气相色谱检测器的作用是将经色谱柱分离后依次流出的化学组分的信息转变为便于记录的电信号，并对其进行定性、定量分析。检测器是色谱仪的眼睛。

检测器按原理的不同可分为浓度敏感型检测器和质量敏感型检测器。常见的浓度敏感型检测器有热导检测器和电子捕获检测器。常见的质量敏感型检测器有氢火焰离子化检测器和火焰光度检测器。

（5）温度控制系统　在气相色谱测定中，温度是重要的控制指标，它直接影响柱的分离效能、检测器的灵敏度和稳定性。控制温度主要指对色谱柱、气化室、检测器三处的温度进行控制，尤其是对色谱柱的温控精度要求很高。

（6）数据处理系统　数据处理系统最基本的功能是将检测器输出的模拟信号随时间的变化曲线绘制出来。常用的数据处理系统是色谱工作站，其主要功能有：色谱峰的识别、基线的校正、计算峰参数（保留时间、峰高、峰面积、半峰宽等）。

写一写

1. 请简述气相色谱法的分离原理。

2. 气相色谱仪由哪几个部分构成？并简述各部件的作用。

三、仪器的使用

看一看

扫码观看视频，记录操作要点。

气相色谱法测定工业乙酸乙酯含量

写一写

1. 将各部件与对应的名称进行连线。

色谱柱　　　　　　减压阀　　　　　　气体发生器　　　　　　进样口

2. 查阅资料，结合操作视频补充完善气相色谱仪测定工业乙酸乙酯含量的操作步骤。

序号	操作流程	操作图示	操作步骤及注意事项
1	溶液的制备		分别准确称取适量色谱纯乙醇和乙酸乙酯试剂于2个10mL容量瓶中，配制浓度为1%和2%的乙酸乙酯、乙醇混标溶液

续表

序号	操作流程	操作图示	操作步骤及注意事项
1	溶液的制备		
2	仪器准备	 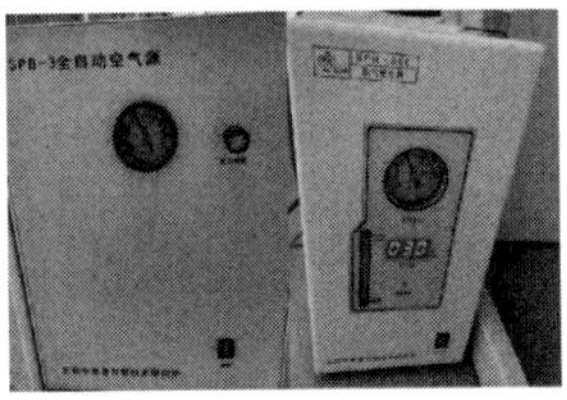	1. 检查管路的气密性。 2. 打开载气____，调节分压阀的压力至____ MPa。 3. 打开空气泵，调节空气泵压力为____ MPa。 4. 打开氢气发生器，调节氢气压力为____ MPa
3	样品测量	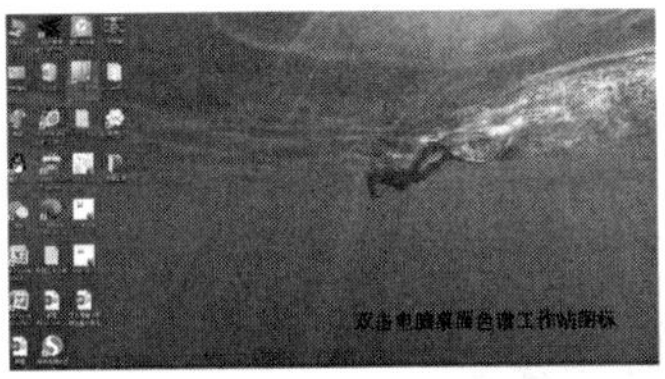	1. 打开仪器电源开关，打开电脑，双击软件图标，进入工作站。 2. 选择_____检测器
		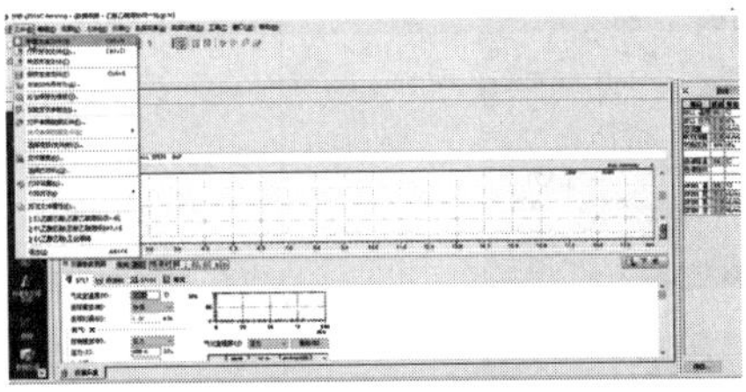 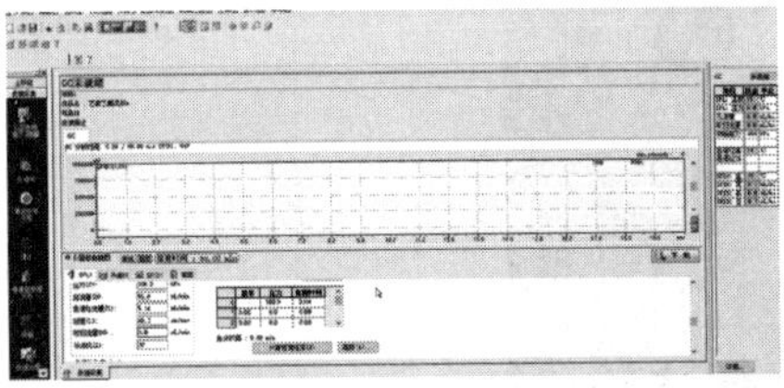	1. 点击【文件】→新建方法文件。 2. 在仪器参数视图下，依次设置进样口、色谱柱、检测器的参数，点击【文件】→保存方法文件。 进样口温度：_____℃；柱温：____℃； 检测器温度：_____℃； 氢气和空气的流量比为_____；

序号	操作流程	操作图示	操作步骤及注意事项
3	样品测量		分流方式：<u>分流/不分流</u>（选择打钩），分流比是＿＿＿＿＿。 　　3. 开启 GC，待仪器升温到设置温度后，点火 　　1. 待仪器参数达到设定值后，待＿＿＿＿平稳后，可开始进样。 　　2. 待基线走稳，GC 就绪后，点击【单次分析开始】，输入样品信息。 　　3. 依次进样混标样，记录各峰的＿＿＿＿＿＿。 　　4. 点击【单次分析开始】，进未知样品，进样色谱分析，记录各峰的＿＿＿＿＿＿
4	结束工作	 	测定结束后，点击停止，关闭＿＿＿＿和＿＿＿＿，待柱温、检测器、进样口的温度降至＿＿＿℃以下，关闭主机，关闭载气

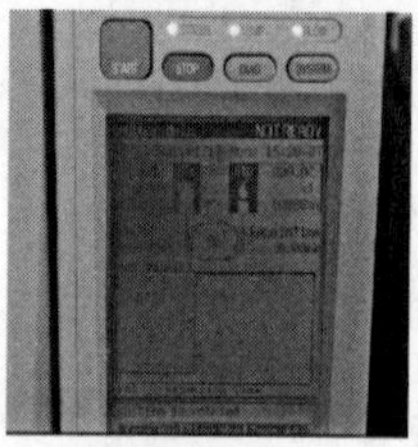

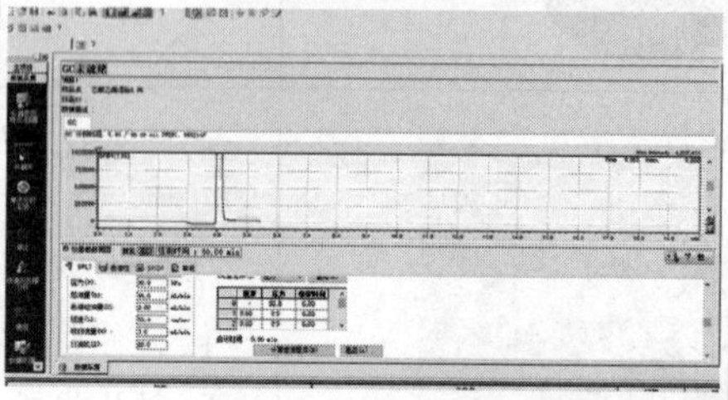

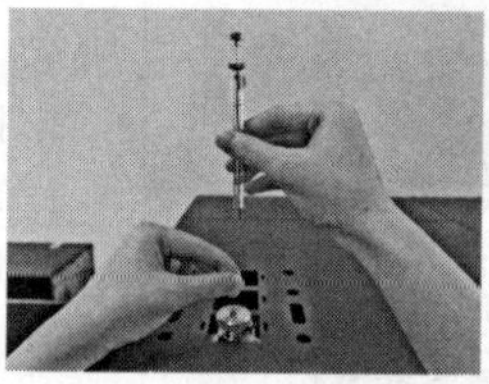

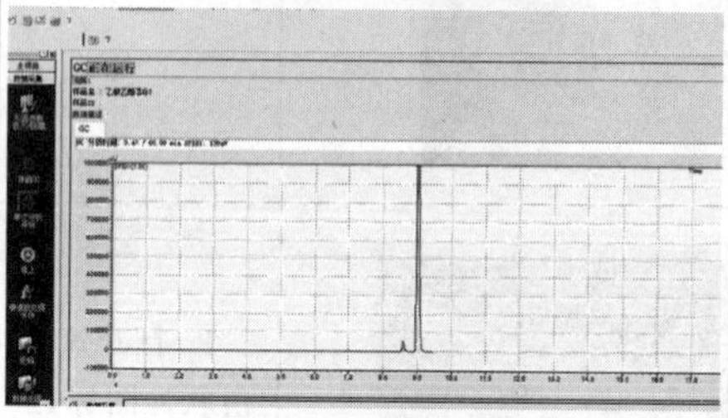

制订与审核计划

一、查找和阅读标准

查阅 GB/T 3728—2023《工业用乙酸乙酯》和 GB/T 12717—2007《工业用乙酸酯类试验方法》，回答以下问题。

1. 工业乙酸乙酯有哪些技术指标要求？外观是怎样的？

2. 试述工业乙酸乙酯含量测定的方法原理。

3. 工业乙酸乙酯分几个等级？每个等级对乙酸乙酯的含量有什么要求？

二、制订实验计划

依据 GB/T 12717—2007《工业用乙酸酯类试验方法》，结合学校的实验条件，以小组为单位，讨论并制订工业乙酸乙酯含量测定的实验计划。

1. 根据小组用量，填写试剂准备单

序号	试剂名称	等级或浓度	数量	配制方法

2. 检查本次任务用到的危险化学品，填写危险化学品清单

化学品名称	危险性说明	应急处置措施	领用要求及注意事项

3. 根据个人需要，填写仪器清单

序号	仪器名称	规格	数量	仪器维护情况

4. 列出主要分析步骤，合理分配时间，填写工作计划表

序号	主要步骤	所需时间	操作要点及注意事项

三、审核实验计划

（1）组内讨论，形成小组实验计划。
（2）各小组展示实验计划（海报法或照片法），并做简单介绍。
（3）小组之间互相点评，记录其他小组对本小组的评价意见。
（4）结合教师点评，修改完善本组实验计划。

评价小组	计划制订情况（优点和不足）	小组互评分	教师点评
平均分：			

注：1. 小组互评可从计划的完整性、合理性、条理性等方面进行评价。

2. 对其他小组的实验计划进行排名，按名次分别计 10 分、9 分、8 分、7 分、6 分。

素质拓展阅读

技能成才

　　姜雨荷出生在河南南阳的一个农村家庭，初中毕业后她就踏上了南下打工之路，由于缺乏知识和技能，只能干没有技术含量的工作，枯燥的打工生活让她一度开始怀疑人生，萌生重返校园学门真技术，找个好工作的想法。

　　后来，姜雨荷进入河南化工技师学院求学，她明确学习目标，努力学习，刻苦训练，积极参加学院化学实验室技术项目的技能集训，并一路从省赛、国赛奔向世界技能大赛的舞台。据她自己粗略估计，这几年的训练总时长超过了14000 小时。

　　2022 年 11 月 27 日，姜雨荷获得世界技能大赛特别赛化学实验室技术项目金牌，实现了我国该项目金牌"零"的突破。

活动 四　实施计划

一、组内分工，准备仪器和配制溶液

序号	任务内容	负责人
1	领取实验所需的化学试剂	
2	领取实验所需的容量瓶、吸量管等玻璃仪器	

续表

序号	任务内容	负责人
3	领取微量注射器	
4	检查气相色谱仪及相关仪器的情况	
5	配制溶液	

二、仪器的使用维护

打开仪器前，检查：□气密性良好　　　□管路漏气　　　□阀门漏气

□气瓶气量充足　　　□气瓶气量少

使用仪器前，检查：□已打开载气　　　□未打开载气

□已调节分压为 0.5MPa　　□未调节分压为 0.5MPa

□已打开空气、氢气　　□未打开空气、氢气

关闭仪器前，检查：□已关闭空气、氢气　　□未关闭空气、氢气

□待温度降至 50℃下关机　□未等温度降至 50℃下关机

□已关闭载气　　　□未关闭载气

三、样品测量，填写数据记录表

检验日期_____　实验开始时间_____　结束时间_____　室温_____℃

乙酸乙酯含量的测定记录表格（Ⅰ）

色谱条件		柱温/℃：　　气化温度/℃：　　检测器温度/℃： 载气流量/(mL/min)：　　分流比： 空气/(mL/min)：　　氢气/(mL/min)：		
项目		1	2	备注
相对校正因子测定	乙醇质量/g			
	乙酸乙酯质量/g			
	定容体积/mL			
	混标乙醇浓度/(mg/mL)			
	混标乙酸乙酯浓度/(mg/mL)			
	混标乙醇峰面积			
	混标乙酸乙酯峰面积			
	乙醇相对校正因子			
	乙醇相对校正因子平均值			

续表

乙酸乙酯含量的测定	样品乙醇峰面积		
	样品乙酸乙酯峰面积		
	乙酸乙酯含量/%		
	极差/%		

乙酸乙酯含量的测定记录表格（Ⅱ）

色谱条件		柱温/℃: 气化温度/℃: 检测器温度/℃: 载气流量/(mL/min): 分流比: 空气/(mL/min): 氢气/(mL/min):		
项目		1	2	备注
相对校正因子测定	乙醇质量/g			
	乙酸乙酯质量/g			
	定容体积/mL			
	混标乙醇浓度/(mg/mL)			
	混标乙酸乙酯浓度/(mg/mL)			
	混标乙醇峰面积			
	混标乙酸乙酯峰面积			
	乙醇相对乙酸乙酯校正因子			
	乙醇相对校正因子平均值			
乙酸乙酯含量的测定	样品乙醇峰面积			
	样品乙酸乙酯峰面积			
	乙酸乙酯含量/%			
	极差/%			

检验员＿＿＿＿＿＿＿＿＿＿ 复核员＿＿＿＿＿＿＿＿＿＿

四、数据处理过程及结果判定

1. 列出待测样品中乙酸乙酯含量的计算过程，按标准要求保留有效数字。

2. 根据 GB/T 3728—2023《工业用乙酸乙酯》要求给出检测结论。

GB/T 3728—2023
《工业用乙酸乙酯》

检查与改进

活动
五

一、分析实验完成情况

1. 操作是否符合规范要求

（1）正确说出气相色谱仪的各主要部件名称及功能。 □是 □否

（2）正确检查色谱气路气密性。 □是 □否

（3）熟练使用气体钢瓶和氢气发生器。 □是 □否

（4）正确识别色谱图。 □是 □否

（5）正确掌握开关机顺序。 □是 □否

（6）正确使用色谱工作站完成归一化法测定乙酸乙酯含量。 □是 □否

（7）正确使用微量注射器进样。 □是 □否

（8）正确使用天平和容量瓶。 □是 □否

（9）规范填写仪器使用记录。 □是 □否

2. 实验数据记录和处理是否规范正确

（1）正确填写记录表各要素。 □是 □否

（2）正确记录实验数据，无不规范涂改。 □是 □否

（3）正确保留有效数字。 □是 □否

（4）正确计算实验数据。 □是 □否

3. HSE 管理执行情况及工作效率

（1）按要求穿戴工作服和防护用品。 □是 □否

（2）实验中，桌面仪器摆放整齐。 □是 □否

（3）安全使用化学药品，无浪费。 □是 □否

（4）废液、废固按要求处理。　　　　　　　　□是　　　□否

（5）未打坏玻璃仪器。　　　　　　　　　　　□是　　　□否

（6）未发生安全事故（灼伤、烫伤、割伤等）。　□是　　　□否

（7）实验后，清洗仪器，整理桌面。　　　　　□是　　　□否

（8）在规定时间内完成实验。　　　　　　　　□是　　　□否

4. 教师汇总并点评全部实验结果

（1）平行进样色谱峰峰面积相对极差_____，满足教学要求。

　　　　　　　　　　　　　　　　　　　　　　□是　　　□否

（2）测定结果相对极差_____，符合重现性要求。　□是　　　□否

（3）全班有效测定结果平均值_____，本人测定结果_____，本次测定有效。

　　　　　　　　　　　　　　　　　　　　　　□是　　　□否

二、列出存在的问题，改进后再次实验

1. 列出实验过程中存在的问题及改进措施。

2. 再次实验，并撰写检验报告。

根据实验完成情况分析，进一步规范自身操作，减少系统误差和偶然误差，提高分析结果的精密度和准确度，同时撰写电子版检测报告。

小知识

1. 企业的原始记录和检验报告单

请扫描二维码了解。

2. 气相色谱仪使用的注意事项

① 先通载气，后通电；先关电，后关载气。当连续使用或做精细分析时，晚上最好不关载气，可适当调低入口压强至 0.1MPa，保证系统内的正压状态。

企业的原始记录
和检验报告单

② 当第一次使用气瓶减压阀时，请将减压阀原出口接头取下，用附件箱中的接头（CF8.470.080）替代。用 Φ3×0.5 软管连接减压阀、净化管及仪器，减压阀和净化管接头连接处必须保证不漏气。

③ 开气源时，气瓶开关阀应开足，减压阀开关旋至最松，查看减压阀的压力表应压力足够，然后逐渐调减压阀，仪器正常运行时，使减压阀低压侧压力输出为：载气在 0.5～0.6MPa 之间；氢气、空气在 0.3～0.4MPa 之间。若压力过大会损坏仪器内部阀件，甚至引起净化管炸裂；若压力过小，稳压阀不能正常工作。

④ 仪器的载气稳压阀出厂时已校至 0.4MPa，一般情况下用户不需要自己调整，以免流量表不准确，若调动，载气流量需重新校正。

⑤ 用氢气作燃烧气的检测器工作温度应不低于 120℃，并且应达到该温度才可点火，否则会因燃烧后生成的水汽积水，严重影响检测器的使用寿命和性能，关机时也应先关辅助气，待氢气、空气压力降至零，火熄灭后方可降温。

评价与反馈

一、个人任务完成情况综合评价

	评价项目及标准		配分	自评	互评	师评
学习态度	1. 按时上、下课，无迟到、早退或旷课现象		20			
	2. 遵守课堂纪律，无睡觉、看课外书、玩手机、闲聊等现象					
	3. 学习主动，能自觉完成老师布置的预习任务					
	4. 认真听讲，不走神或发呆					
	5. 积极参与小组讨论，发表自己的意见					
	6. 主动代表小组发言或展示操作					
	7. 发言时声音响亮、表达清楚，展示操作较规范					
	8. 听从组长分工，认真完成分派的任务					
	9. 按时、独立完成课后作业					

评价项目及标准		配分	自评	互评	师评
学习态度	10. 及时填写工作页,书写认真、不潦草	20			
	一个否定选项扣 2 分				
操作规范	1. 正确使用天平和容量瓶　4 分	20			
	2. 正确检查色谱气路气密性　2 分				
	3. 正确使用气体钢瓶和氢气发生器　2 分				
	4. 正确设置仪器参数　2 分				
	5. 正确使用色谱工作站完成归一化法测定乙酸乙酯含量　4 分				
	6. 正确使用微量注射器进样　2 分				
	7. 正确识别色谱图　2 分				
	8. 规范填写仪器使用记录　2 分				
HSE 及工作效率	1. 按要求穿戴工作服和防护用品	10			
	2. 实验过程中仪器摆放整齐				
	3. 实验过程中无仪器损坏和安全事故发生				
	4. 实验结束后废液、废固按要求处理				
	5. 在规定时间内完成实验				
	一个否定选项扣 2 分				
过程记录	及时进行原始数据记录 每错一项扣 1 分,最多扣 2 分	10			
	正确记录、修约与保留有效数字 每错一项扣 1 分,最多扣 2 分				
	正确计算待测组分含量 每错一项扣 3 分,最多扣 6 分				
	计算过程有伪造数据或篡改数据,数据作废,按 0 分计				
测定结果	精密度	平行测定结果的极差≤0.1%,不扣分	20			
		0.1%<平行测定结果的极差≤0.2%,扣 5 分				
		0.2%<平行测定结果的极差≤0.3%,扣 10 分				

续表

评价项目及标准			配分	自评	互评	师评
测定结果	精密度	0.3%＜平行测定结果的极差≤0.5%，扣15分	20			
		平行测定结果的极差＞0.5%，扣20分				
	准确度	与参考值的相对误差≤0.2%，不扣分	20			
		0.2%＜与参考值的相对误差≤0.4%，扣5分				
		0.4%＜与参考值的相对误差≤0.6%，扣10分				
		0.6%＜与参考值的相对误差≤0.8%，扣15分				
		与参考值的相对误差＞0.8%，扣20分				
总分			100			

二、小组任务完成情况汇报

1. 实验完成质量：2次都合格的人数＿＿＿＿＿，1次合格的人数＿＿＿＿＿，2次均未合格的人数＿＿＿＿＿。

2. 自评分数最低的同学说说自己存在的主要问题。

3. 互评分数最高的同学说说自己做得好的方面。

4. 小组长安排组员介绍本组存在的主要问题和做得好的方面。

活动
七

拓展专业知识

? 想一想

1. 气相色谱法是根据什么进行定性分析和定量分析的？
2. 色谱分析常用的定量分析方法有哪些？

一、色谱分析法的原理

色谱分析法指的是流动相带着样品流经固定相，由于样品各组分存在性质和结构上的差异，它们在固定相与流动相之间的溶解、吸附、渗透或离子交换等作用的不同，在固定相中的滞留时间也会不同，经过一定长度的色谱柱后，不同组分在两相中进行了成千上万次的质量交换（分配），使得在性质和结构上存在微小差异的各组分，彼此分离开来，先后流出色谱柱的分析方法。色谱分离原理见图 4-4。

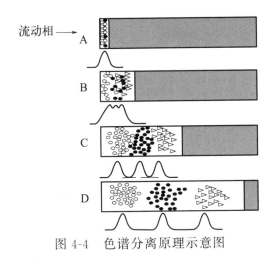

流动相 →

图 4-4　色谱分离原理示意图

二、色谱分析法的分类

色谱分析法中有两相，分别是流动相和固定相。

按两相的物理状态，可将色谱分析法分为气相色谱法和液相色谱法。气相色谱法是以气体为流动相的色谱分析方法，根据固定相的物理状态不同，又可将气相色谱法分为气-固色谱法和气-液色谱法。

按照分离原理，可将色谱分析法分为吸附色谱法、分配色谱法、离子交换色谱法、凝胶色谱法、生物亲和色谱法等（表 4-2）。

表 4-2　色谱分析法分类

方法名称	分离过程性质	测量单位
吸附色谱法	吸附	吸附系数
分配色谱法	萃取	分配系数

方法名称	分离过程性质	测量单位
离子交换色谱法	静电作用或扩散	电离常数和有效离子直径
凝胶色谱法	扩张	有效分子尺寸
生物亲和色谱法	亲和剂与有生物特征的物质相互作用	无通用单位

三、气相色谱分析的相关术语

（1）气相色谱法（gas chromatography）　以气体为流动相的色谱分析方法。

（2）色谱图（chromatogram）　色谱柱流出物通过检测器时所产生的相应信号对应时间或载气流出体积的曲线图，如图 4-5 所示。

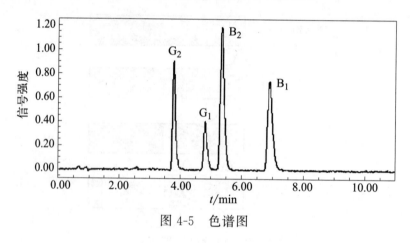

图 4-5　色谱图

（3）流动相（mobile phase）　气相色谱法的流动相是在色谱柱中携带样品和洗脱其组分的气体。

（4）固定相（stationary phase）　色谱柱内不移动的、起分离作用的物质。

（5）基线（baseline）　在正常操作条件下，仅有流动相通过检测器系统时所产生的信号曲线。

（6）基线漂移（baseline drift）　基线随时间定向缓慢变化的现象。

（7）保留时间（retention time，t_R）　进样的组分流入检测器的浓度达到最大值的时间，即组分从进样到出现峰最大值所需的时间。

（8）死时间（dead time，t_M）　进样开始到惰性组分从柱中流出，呈现浓度最大值时所需的时间。

（9）调整保留时间（t_R'）　扣除死时间后的保留时间，$t_R' = t_R - t_M$。

（10）峰底　指峰的起点至终点的距离。

（11）峰高（peak height）　指峰的最高点至峰底的距离。

（12）峰宽（peak width，w）　指峰两侧拐点处所作两条切线与基线的两个交点间的距离。

（13）半峰宽（$w_{1/2}$）　指峰高一半处的峰宽。

（14）峰面积（peak area，A）　指峰与峰底包围的面积。

四、气相色谱定性和定量分析的依据

有机物进入气相色谱后得到两个重要的测试数据：色谱峰保留值和面积。气相色谱可根据这两个数据进行定性和定量分析。色谱峰保留值是定性分析的依据，而色谱峰面积则是定量分析的依据。

1. 色谱定性分析依据

气相色谱定性分析的理论依据是在一定的色谱操作条件下，每种物质都有各自确定的保留值，且不受其他组分的影响。也就是说，保留值具有特征性。定性分析时，常通过将未知物和已知标准物在相同色谱操作条件下进行分析，根据未知物和标准物色谱峰的保留值进行比较，从而确定未知物的组成。

需要注意的是，保留值并非专属的，不同物质也可能具有相似或相同的保留值，因此，使用保留值定性时应慎重，对于一个完全未知的混合样品，应采用多种方法综合分析。

为避免操作条件变化引起保留时间的变化，实际分析过程中常采用相对保留值定性和已知标准物增加峰高法来定性。

2. 色谱定量分析依据

色谱分析法是根据仪器检测器的响应值与被测组分的量，在某些条件限定下呈正比的关系来进行定量分析的。也就是说，在某些条件限定下，色谱峰的面积或高度与所测组分的数量（或浓度）成正比。色谱定量分析的基本公式为：

$$m_i = f_i A_i$$
$$c_i = f_i h_i$$

五、色谱中常用的定量方法

气相色谱的定量分析方法有归一化法、内标法、外标法三种。

1. 归一化法

如果试样中所有组分均能流出色谱柱并显示色谱峰，则可用此法计算组分含量。设试样中共有 n 个组分，各组分的量分别为 $m_1, m_2, \cdots, m_n$，则第 i 种组分的百分含量为：

$$w_i = \frac{A_i}{\sum A_i} \times 100\%$$

归一化法的优点是简便、准确，进样量的多少不影响定量的准确性，操作条件的变动对结果的影响也较小，对组分的同时测定显得尤其方便。缺点是试样中所用的组分必须全部出峰，某些不需定量的组分也需测出其校正因子和峰面积，因此应用受到一些限制。

2. 内标法

当试样中所有组分不能全部出峰，或只要求测定试样中某个或几个组分时，可用此法。

准确称取 $m(g)$ 试样，加入某种纯物质 $m_s(g)$ 作为内标物，根据试样和内标物的质量比及相应的色谱峰面积之比，基于下式可求组分 i 的百分含量 w_i：

因为
$$\frac{m_i}{m_s} = \frac{f_i A_i}{f_s A_s}$$

所以
$$w_i = \frac{m_i}{m} \times 100\% = \frac{f_i A_i m_s}{f_s A_s m} \times 100\%$$

3. 外标法（标准曲线法）

该法是在一定色谱操作条件下，用纯物质配制一系列不同的浓度的标准样，定量进样，按测得的峰面积对标准系列的浓度作图绘制标准曲线。进行试样分析时，在与标准系列严格相同的条件下定量进样，由所得峰面积从标准曲线上即可查得待测组分的含量。

六、定量校正因子

1. 绝对校正因子

绝对校正因子是指单位峰面积或单位峰高所代表的组分的量。

$$f_i = \frac{m_i}{A_i} \qquad f_i = \frac{m_i}{h_i}$$

2. 相对校正因子

相对校正因子是指组分 i 与另一标准物 s 的绝对校正因子之比，用 f_i' 表示。

$$f_i' = \frac{f_i}{f_s} = \frac{m_i A_s}{m_s A_i}$$

式中，f_i' 为相对校正因子；f_i 为 i 物质的绝对校正因子；f_s 为基准物质的绝对校正因子；m_i 为 i 物质的质量；A_i 为 i 物质的峰面积；m_s 为基准物质的质量；A_s 为基准物质的峰面积。

练习题

一、填空题

1. 气相色谱仪由＿＿＿＿＿＿＿、＿＿＿＿＿＿＿、＿＿＿＿＿＿、＿＿＿＿＿＿、＿＿＿＿＿＿和记录系统六大部分组成。

2. 温度控制系统主要包括＿＿＿＿＿、＿＿＿＿＿＿、＿＿＿＿＿的温度控制。

3. 分离系统主要由＿＿＿＿＿、＿＿＿＿＿组成，其中＿＿＿＿是核心。色谱柱一般可分为＿＿＿＿＿＿、＿＿＿＿＿＿。

4. 开机前应打开＿＿＿＿＿；测定结束后，应先关闭＿＿＿＿＿，最后关闭＿＿＿＿＿。

二、单项选择题

1. 气相色谱一般都有载气系统，它包括（　　　）。

A. 气源、气体净化

B. 气源、气体净化、气体流速控制

C. 气源

D. 气源、气体净化、气体流速控制和测量

2. FID 点火前需要加热至 100℃的原因是（　　　）。

A. 易于点火　　　　　　　　B. 点火后不易熄灭

C. 容易产生信号　　　　　　D. 防止水分凝结产生噪声

3. 气相色谱仪对气源的纯度要求很高，一般都需要（　　　）处理。

A. 净化　　　　B. 过滤　　　　C. 脱色　　　　D. 再生

4. 启动气相色谱仪时，若使用 TCD 检测器，有如下操作步骤：1—开载气；2—气化室升温；3—检测器升温；4—色谱柱升温；5—开桥电流；6—开记录仪。下面操作次序中绝对不允许的是（　　　）。

A. 2→3→4→5→6→1　　　　　B. 1→2→3→4→5→6

C. 1→2→3→4→6→5　　　　　D. 1→3→2→4→6→5

三、判断题

1. 气相色谱仪操作结束时，一般先降柱温，检测器的温度至接近室温时才可关机。

（　　　）

2. 检测器温度不能低于样品的沸点，以免样品在检测器内冷凝。　　　（　　　）

3. 某试样的色谱图上出现三个峰，该试样最多有三个组分。　　　　　（　　　）

4. 气相色谱分析时，进样时间应控制在 1s 以内。　　　　　　　　　（　　　）

5. 堵住色谱柱出口，流量计不下降到零，说明气路有泄漏。　　　　　（　　　）

6. 色谱定量分析时，面积归一化法要求进样量特别准确。　　　　　　（　　）

7. 气相色谱分析中，用于定性分析的参数是峰面积。　　　　　　　　（　　）

8. 气相色谱分析时，内标法和外标法均要求进样量特别准确。　　　　（　　）

9. 色谱峰宽等于 2 倍半峰宽。　　　　　　　　　　　　　　　　　　（　　）

10. 气-固色谱中，各组分的分离是基于组分在吸附剂上的溶解和析出能力不同。

　　　　　　　　　　　　　　　　　　　　　　　　　　　　　　　（　　）

四、计算题

1. 某混合物只含乙醇、环己烷、正庚烷和苯，在一定色谱条件下进行色谱分析，测得数据如下：

被测组分：　乙醇　　环己烷　　正庚烷　　苯

峰面积：　　8.8　　　5.6　　　9.2　　　10.7

校正因子：　0.65　　0.70　　0.73　　0.78

用校正归一化法求各组分的百分含量。

2. 在一定色谱条件下，分析只含有甲烷、二氧化碳、乙烷、丙烷的气体样品，测得数据如下：

被测组分：　甲烷　　二氧化碳　　乙烷　　丙烷

峰面积：　　5.8　　　3.6　　　59.2　　40.7

校正因子：　1.00　　0.98　　　1.05　　1.30

用校正归一化法求各组分的百分含量。

3. 准确称取苯、邻二甲苯、正己烷三种纯化合物，配成混合溶液，在一定色谱条件下进行色谱分析，测得如下数据：

被测组分：　　苯　　　邻二甲苯　　正己烷

质量：　　　0.450　　1.550　　　0.815

峰面积：　　40.5　　142.5　　　88.2

求邻二甲苯、正己烷两种化合物以苯为标准时的相对校正因子。

　　　　　　阅读材料

气相色谱发展史

1906 年，植物学家茨维特在研究植物色素的过程中，做了一个经典的实验：在一根玻璃管的狭小一端塞上小团棉花，在管中填充沉淀碳酸钙，形成一个吸附柱。然后将其与吸滤瓶连接，使绿色植物叶子的石油醚抽取液自柱中通过。结果植物叶子的几种色素便在玻璃柱上展开，形成一个有规则的、与光谱相似的色层。接着他用纯溶剂淋洗，使柱中各层进一步展开，从而达到明显的分离。茨维特把上述分离方法叫作色谱法，把填充碳酸钙的玻璃柱叫作色谱柱，把其中的具有大比表面积碳酸钙固体颗粒称为固定相，把推动被分离的组分流过固定相的惰性流体称为流动相，把柱中出现的有颜色的色带叫作色谱带（图4-6）。

1952年，James和Martin提出气相色谱法，同时也发明了第一个气相色谱检测器。这是一个接在填充柱出口的滴定装置，用来检测脂肪酸的分离。用滴定溶液体积对时间作图，得到积分色谱图。之后，他们又发明了气体密度天平。1954年，Ray发明了热导计，开创了现代气相色谱检测器的时代。此后至1957年，填充柱、热导检测器（TCD）快速发展。

图4-6　茨维特研究植物色素实验图

1958年，Gloay首次提出毛细管，同年，Mcwillian和Harley同时发明了火焰离子化检测器（FID），Lovelock发明了氩电离检测器（AID），使检测方法的灵敏度提高了2~3个数量级。

20世纪60~70年代，气相色谱技术快速发展，柱效大为提高，环境科学等学科的发展提出了痕量分析的要求，又陆续出现了一些高灵敏度、高选择性的检测器。如1960年Lovelock提出电子俘获检测器（ECD）；1966年Brody等发明了火焰光度检测器（FPD）；1974年Kolb和Bischoff提出了电加热的氮磷检测器（NPD）；1976年美国HNU公司推出了实用的窗式光电离检测器（PID）等。同时，由于电子技术的发展，原有的检测器在结构和电路上又作了重大的改进。如TCD出现了恒电流、恒热丝温度检测电路；ECD出现恒频率变电流、恒电流脉冲调制检测电路等，从而使性能进一步提高。

20世纪80年代，由于弹性石英毛细管柱的快速广泛应用，对检测器提出了体积小、响应快、灵敏度高、选择性好的要求，特别是计算机和软件的发展，使TCD、FID、ECD和NPD的灵敏度和稳定性均有很大提高，TCD和ECD的池体积大大缩小。

20世纪90年代，电子技术、计算机和软件的飞速发展使MSD生产成本和复杂性下降，以及稳定性和耐用性增加，从而成为最常用的气相色谱检测器之一。其间出现了非放射性的脉冲放电电子俘获检测器（PDECD）、脉冲放电氦电离检测器（PDHID）、脉冲放电光电离检测器（PDECD），以及集此三者于一体的脉冲放电检测器（PDD）。几年后，美国Varian公司推出了商品仪器，它比通常的FPD灵敏度高100倍。另外，快速GC和全二维GC等快速分离技术的迅猛发展，促使快速GC检测方法逐渐成熟。

气相色谱仪（图4-7）在石油、化工、生物化学、医药卫生、食品工业、环保等方面应用广泛。它除用于定量和定性分析外，还能测定样品在固定相上的分配系数、活度系数、分子量和比表面积等物理化学常数。

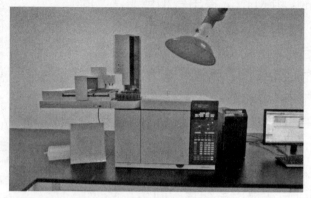

图 4-7　气相色谱仪

x

学习任务五

工业酒精中甲醇含量的测定

工业酒精，即工业上使用的酒精，也称变性酒精、工业火酒。工业酒精的纯度一般为95%和99%。主要有合成和酿造（原煤或石油）两种方式生产。合成的工业酒精一般成本很低，乙醇含量高。酿造的工业酒精一般乙醇含量大于或等于95%，甲醇含量低于1%。

工业酒精为无色透明、易燃易挥发液体，有酒的气味和刺激性辛辣味，溶于水、甲醇、乙醚和氯仿，能溶解许多有机物和若干无机物，具有吸湿性，能与水形成共沸混合物。工业酒精与铬酸、次氯酸钙、过氧化氢、硝酸、硝酸铂等反应剧烈，有发生爆炸的危险。其易挥发，极易燃烧，火焰呈淡蓝色。其蒸气与空气形成爆炸性混合物，爆炸极限为4.3%～19.0%（体积分数）。工业酒精微毒，有麻醉作用，饮入中毒剂量为75～80g，致死剂量为250～500g。空气中工业酒精最高容许浓度1880mg/m³。

工业酒精里往往含有少量甲醇、醛类、有机酸等杂质，这大大增加了它的毒性。饮用工业酒精后会引起中毒，甚至死亡。我国明令禁止使用工业酒精生产各种酒类。工业酒精中的甲醇含量是衡量工业酒精质量的一个重要指标，因此测定工业酒精中甲醇含量对评价工业酒精产品质量具有重要的意义。

任务描述

按企业要求，生产部门生产出工业酒精产品后，仓库管理员将根据产品入库情况填写产品检验委托单，委托质监部产品分析岗位的化验员到库房按标准进行取样分析。

作为化验员的你，接到委托检验任务后，请你按照GB/T 6680—2003标准要求取样，拿回制样室按要求制备符合检验要求的分析试样，分装在试样瓶中，贴上标签，一瓶待检，一瓶留样备查。甲醇含量的测定是本次的检测任务，请按GB/T 394.2—2008《酒精通用分析方法》和GB/T 394.1—2008《工业酒精》制定检测方案，完成分析检测，工作过程符合HSE规范要求，并出具检测报告。

任务目标

完成本学习任务后，应当能够：

① 正确制备样品；

② 熟练使用气相色谱仪；

③ 依据分析标准和学校实验条件，以小组为单位制订实验计划，在教师引导下进行可行性论证；

④ 服从组长分工，独立做好分析仪器准备和实验用溶液的配制工作；

⑤ 在教师引导下，独立运用内标法完成工业酒精中甲醇含量的测定，检测结果符合要求后出具检测报告；

⑥ 对测定过程和结果进行分析，提出个人改进措施；

⑦ 按 HSE 要求，做好实验前、中、后的物品管理和操作安全等工作；

⑧ 培养实事求是、坚持真理、胸怀国家、为民服务的家国情怀；

⑨ 通过学习航天炉的发展历程，树立远大理想，增强创新意识。

建议学时

30 学时

明确任务

一、识读任务委托单

物料名称:工业酒精	请验部门:
生产批号:	存放地点:
产量:	检验项目:甲醇含量
请验日期:	执行标准:GB/T 394.2—2008 《酒精通用分析方法》
备注:	

二、叙述产品分析检验委托单包含的要素

小知识

液体化工产品采样通则：

① 采样操作人员必须熟悉被采液体化工产品的特性、安全操作的有关知识及处理方法，严格遵守 GB/T 3723—1999 的各项规定。

② 采样前应进行预检，并根据检查结果制定采样方案，按此方案采得具有代表性的样品。由于液体化工产品一般是用容器包装后贮存和运输，应根据容器情况和物料的种类来选择采样工具，确定采样方法。预检内容如下：

了解被采样物料的容器大小、类型、数量、结构和附属设备情况。检查被采样物料的容器是否受损、腐蚀、渗漏并核对标志。

观察容器内物料的颜色、黏度是否正常，表面或底部是否有杂质、分层、沉淀、结块等现象，判断物料的类型和均匀性。

③ 样品容器必须清洁、干燥、严密，采样设备必须清洁、干燥，不能用与被采取物料起化学作用的材料制造，采样过程中防止被采物料受到环境污染和变质。

④ 操作过程应远离火源，确保通风良好，并备有消防器材；穿戴好防护用品，防止皮肤接触，避免吸入。

素质拓展阅读

牛胰岛素的合成

1965 年 9 月 17 日，我国首次用人工方法合成了结晶牛胰岛素。牛胰岛素是一种蛋白质分子。人工合成牛胰岛素的结构、生物活力、物理化学性质以及结晶性状，都同天然牛胰岛素完全一样。中国科学工作者首次人工合成结晶牛胰岛素的成功，表明中国在这个领域里的科学研究在世界上取得了领先地位。人工牛胰岛素的合成，标志着人类在认识生命、探索生命奥秘的征途中迈出了关键性的一步，促进了生命科学的发展，开辟了人工合成蛋白质的时代，在我国基础研究，尤其是生物化学的发展史上具有重大意义和影响。

获取信息

一、甲醇的危害

 看一看

1. 甲醇的性质和危害

甲醇化学式为 CH_3OH，为无色澄清易挥发液体，溶于水、酒精和醚，易燃，有毒，可刺激眼睛，严重时可致失明，空气中浓度 $50mg/m^3$，燃烧时无火焰，蒸气和空气形成爆炸性混合物。其可通过呼吸道、皮肤、消化道进入体内，职业中毒以呼吸道为主。甲醇是神经性毒物，具有明显的麻醉作用，特别是对视神经、视网膜具有特殊的选择作用。反复接触中浓度甲醇可导致暂时或永久性视力障碍和失明。甲醇急性中毒结果严重，一般可致死亡。其急性职业中毒，有一定的潜伏期，中毒的表现与醉酒类似。

人体吸收大量甲醇会出现头晕、头痛、视物模糊、步履蹒跚、失眠。眼睛的症状是眼球疼痛、复视、瞳孔扩大或缩小、对光反射迟钝。长期接触低浓度甲醇，可表现为黏膜刺激症状、视力减退、神经衰弱综合征、自主神经功能紊乱、视神经炎、失明。

甲醇的中毒机制是，甲醇经人体代谢产生甲醛和甲酸（俗称蚁酸），然后对人体产生伤害。常见的症状是，先是产生醉酒的感觉，数小时后头痛、恶心、呕吐，以及视物模糊。严重者会失明，甚至死亡。失明的原因：甲醇的代谢产物甲酸累积在眼睛部位，破坏视觉神经细胞。脑神经也会受到破坏，而产生永久性损害。甲酸进入血液后，会使组织酸性越来越强，损害肾脏导致肾衰竭。

2. 甲醇中毒的处理方法和预防措施

急救措施：中毒者应离开现场，吸氧，应用强心和呼吸兴奋剂。口服中毒者用 3% 碳酸氢钠洗胃。出现眼底病变可用甘露醇和地塞米松静滴。严重中毒可用腹膜透析或人工肾。预防措施包括：严格遵守操作规程；加强存放监管，防止误服；定期进行安全检查。

写一写

如果酒中含有甲醇，饮用后会有什么危害？

二、工业酒精的生产工艺

　看一看

工业酒精采用化学合成法制备而成，采用乙烯作为原料，通过乙烯间接水合法和乙烯直接水合法两种方法制备。

1. 乙烯间接水合法

也称硫酸酯法，反应分两步进行。首先，将乙烯在一定温度、压力条件下通入硫酸中，在 20～30 个大气压❶、70～80℃生成硫酸氢乙酯和硫酸二乙酯：

$$C_2H_4 + (浓)H_2SO_4 \longrightarrow C_2H_5OSO_2OH$$
$$2C_2H_4 + (浓)H_2SO_4 \longrightarrow (C_2H_5O)_2SO_2$$

硫酸氢乙酯和硫酸二乙酯在水解塔中加热至 100℃水解得到乙醇：

$$C_2H_5OSO_2OH \longrightarrow C_2H_5OH + H_2SO_4$$
$$(C_2H_5O)_2SO_2 \longrightarrow 2C_2H_5OH + H_2SO_4$$

同时有副产物乙醚、甲醇等产生。

虽然间接水合法可用低纯度的乙烯作原料，反应条件较温和，乙烯转化率高，但生产过程中所产生的大量稀硫酸对设备腐蚀严重，生产流程长，因此逐渐被直接水合法取代。

2. 乙烯直接水合法

在一定条件下，乙烯通过固体酸催化剂直接与水反应生成乙醇：

$$CH_2{=}CH_2 + H_2O \longrightarrow CH_3CH_2OH$$

间接法的突出优点是原料乙烯浓度适用范围广，乙烯分压低，电量消耗少，适合在电力紧张而硫酸来源充足的地区使用。缺点在于需要以硫酸为媒介，在水解、稀硫酸提浓过程中会对设备设施造成严重腐蚀。直接法不需要硫酸，工

---

❶　1 个大气压＝1.013×10^5 Pa。

艺流程较简单，其基建费用、产品成本也要低于间接法。但其缺点是要求高纯度的（96％以上）乙烯，其耗电量较大。

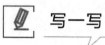

写一写

为什么工业酒精中会有甲醇？

三、火焰离子化检测器（FID）的测定原理和结构

FID 工作原理：由色谱柱流出的载气（样品）流经温度高达 2100℃的氢火焰时，待测有机物组分在火焰中发生离子化作用，使两个电极之间出现一定量的正、负离子，在电场的作用下，正、负离子各被相应电极所收集。当载气中不含待测物时，火焰中离子很少，即基流很小，约 $10^{-14}A$。当待测有机物通过检测器时，火焰中电离的离子增多，电流增大（但很微弱，$10^{-12} \sim 10^{-8}A$）。需经高电阻（$10^8 \sim 10^{11}$）后得到较大的电压信号，再由放大器放大，才能在记录仪上显示出足够大的色谱峰。该电流的大小，在一定范围内与单位时间内进入检测器的待测组分的质量成正比，所以火焰离子化检测器是质量敏感型检测器。

火焰离子化检测器对电离势低于 H_2 的有机物产生响应，而对无机物、惰性气体和水基本上无响应，所以火焰离子化检测器只能分析有机物（含碳化合物），不适于分析惰性气体、空气、水、CO、CO_2、CS_2、NO、SO_2 及 H_2S 等。

火焰离子化检测器的结构和电路图见图 5-1。

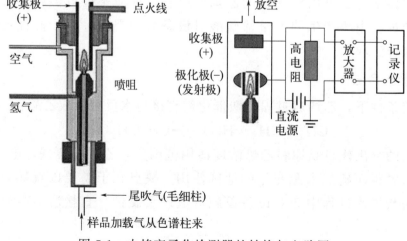

图 5-1　火焰离子化检测器的结构与电路图

写一写

请简述 FID 的工作原理。

四、仪器的使用

看一看

扫码观看视频，记录操作要点。

气相色谱法测定工业酒精中甲醇含量

写一写

查阅资料，结合操作视频补充完善气相色谱仪测定工业酒精中甲醇含量的操作步骤。

序号	操作流程	操作图示	操作步骤及注意事项
1	溶液的制备		1. 准确称取 0.1g＿＿＿＿＿甲醇于 100mL 容量瓶中,用＿＿＿＿＿定容,摇匀。 2. 准确称取 0.1g＿＿＿＿＿正丁醇内标物于 100mL 容量瓶中,用＿＿＿＿＿定容,摇匀。 3. 分别吸取 0.5mL 甲醇标准溶液和 0.5mL 正丁醇标准溶液于样品瓶中,混匀。

序号	操作流程	操作图示	操作步骤及注意事项
1	溶液的制备	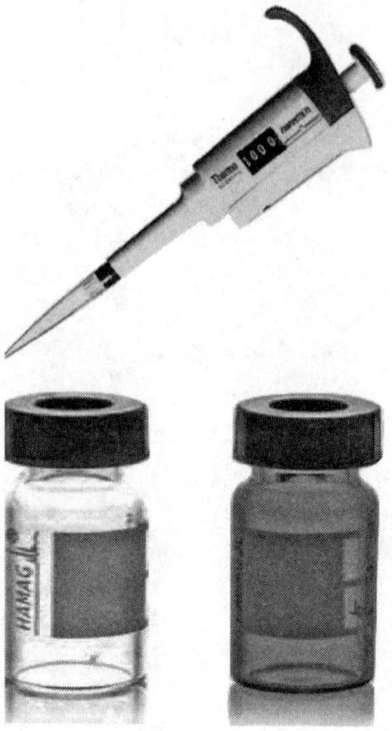	4. 分别吸取 0.5mL 待测样品溶液和 0.5mL 正丁醇标准溶液于样品瓶中,混匀
2	仪器准备	 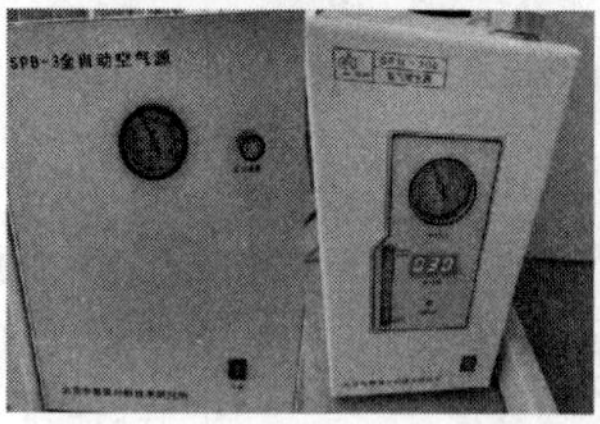	1. 检查管路的气密性。 2. 打开载气____,调节分压阀的压力至____ MPa。 3. 打开空气泵,调节空气泵压力为____ MPa。 打开氢气发生器,调节氢气压力为____MPa
3	样品测量	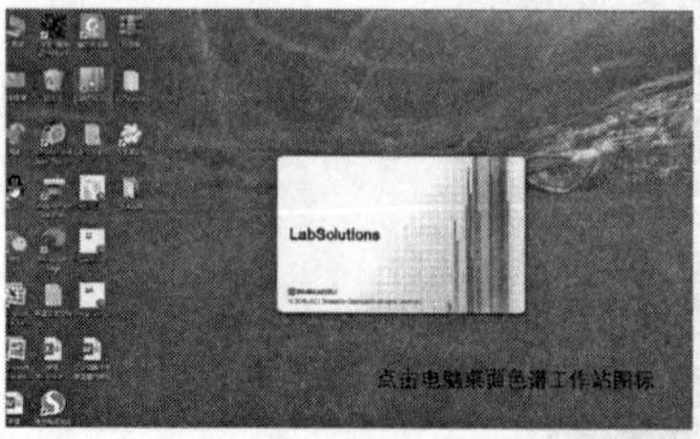	1. 打开仪器电源开关,打开电脑,双击软件图标,进入工作站。 2. 选择_____检测器

续表

序号	操作流程	操作图示	操作步骤及注意事项
3	样品测量		1. 点击【文件】→新建方法文件。 2. 在仪器参数视图下,依次设置进样口、色谱柱、检测器的参数,点击【文件】→保存方法文件。 进样口温度:＿＿＿＿＿℃;柱温:＿＿＿＿℃; 检测器温度:＿＿＿＿℃; 氢气和空气的流量比为＿＿＿＿＿＿＿; 分流方式:<u>分流/不分流</u>(选择打钩),分流比是＿＿＿＿。 3. 开启GC,待仪器升温到设置温度后,点火 1. 仪器参数达到设定值,待＿＿＿平稳后,可开始进样。 2. 待基线走稳,GC就绪后,点击【单次分析开始】,输入样品信息。 3. 依次进样混标样,记录各峰的＿＿＿＿＿＿。 4. 点击【单次分析开始】,进未知样品,进行色谱分析,记录各峰的＿＿＿＿＿＿

续表

序号	操作流程	操作图示	操作步骤及注意事项
4	结束工作		测定结束后,点击停止,关闭＿＿＿和＿＿＿,待柱温、检测器、进样口的温度降至＿＿＿℃以下,关闭主机,关闭载气

活动 三

制订与审核计划

一、查找和阅读标准

查阅 GB/T 394.1—2008《工业酒精》和 GB 5009.266—2016《食品安全国家标准　食品中甲醇的测定》,回答以下问题。

1. 工业酒精有哪些技术指标要求?

2. 工业酒精分几个等级？每个等级对甲醇含量有什么要求？

3. 工业酒精中甲醇含量测定采用什么方法？试简述方法原理。

二、制订实验计划

依据 GB 5009.266—2016《食品安全国家标准 食品中甲醇的测定》，结合学校的实验条件，以小组为单位，讨论并制订工业酒精中甲醇测定的实验计划。

1. 根据小组用量，填写试剂准备单

序号	试剂名称	等级或浓度	数量	配制方法

2. 检查本次任务用到的危险化学品，填写危险化学品清单

化学品名称	危险性说明	应急处置措施	领用要求及注意事项

3. 根据个人需要，填写仪器使用清单

序号	仪器名称	规格	数量	仪器维护情况

续表

序号	仪器名称	规格	数量	仪器维护情况

4. 列出主要分析步骤，合理分配时间，填写工作计划表

序号	主要步骤	所需时间	操作要点及注意事项

三、审核实验计划

（1）组内讨论，形成小组实验计划。

（2）各小组展示实验计划，并做简单介绍。

（3）小组之间互相点评，记录其他小组对本小组的评价意见。

（4）结合教师点评，修改完善本组实验计划。

评价小组	计划制订情况(优点和不足)	小组互评分	教师点评
平均分：			

注：1. 小组互评可从计划的完整性、合理性、条理性等方面进行评价。

2. 对其他小组的实验计划进行排名，按名次分别计 10 分、9 分、8 分、7 分、6 分。

"航天炉"的诞生

2008年10月，航天工程公司研发的第一台"航天炉"投煤点火成功，这也是我国独立自主研发的第一台粉煤加压气化炉。

煤气化技术是现代煤化工产业的龙头，是将煤炭转化成清洁的原料气，继而可加工成化工产品的关键所在。而在此之前，我国没有属于自己的煤气化技术，为此曾斥资几十亿甚至几百亿去购买美国、德国的技术和设备。他们的气化炉比"航天炉"贵一倍还多，而且后期维护成本很高。

煤气化要用到燃烧、传热、特种泵阀、材料、检测等关键技术，这些技术的最高水平全都在航天工程。航天工程将这些技术向能源化工领域转化，是用火箭发动机技术创造了一个"航天炉"。它的诞生，终结了我国煤化工产业受制于人的局面，极大地增强了我国能源自主保障的能力。

实施计划

一、组内分工，准备仪器和配制溶液

序号	任务内容	负责人
1	领取实验所需的化学试剂	
2	领取实验所需的容量瓶、移液枪等仪器	
3	领取微量注射器	
4	检查气相色谱仪的情况	
5	配制标准溶液	

二、仪器的使用维护

打开仪器前，检查：　□管路气密性良好　　　　□管路漏气

　　　　　　　　　　　□气瓶气量充足　　　　　□气瓶气量少

使用仪器前，检查：　□已打开载气　　　　　　□未打开载气

　　　　　　　　　　　□已调节分压为 0.5MPa　□未调节分压为 0.5MPa

　　　　　　　　　　　□已打开空气和氢气　　　□未打开空气和氢气

关闭仪器前，检查：　□已关闭空气和氢气　　　□未关闭空气和氢气

　　　　　　　　　　　□降温后关机　　　　　　□未降温关机

　　　　　　　　　　　□已关闭载气　　　　　　□未关闭载气

三、样品测量，填写数据记录表

检验日期_____　实验开始时间_____　结束时间_____　室温_____℃

工业酒精中甲醇含量的测定记录表格（Ⅰ）

色谱条件		柱温/℃：　　气化温度/℃：　　检测器温度/℃： 载气流量/(mL/min)：　　分流比： 空气/(mL/min)：　　　氢气/(mL/min)：		
项目		1	2	备注
相对校正因子测定	甲醇质量/g			
	甲醇定容体积/mL			
	甲醇标液浓度/(mg/mL)			
	正丁醇质量/g			
	正丁醇定容体积/mL			
	正丁醇标液浓度/(mg/mL)			
	移取甲醇标液体积			
	混标甲醇质量			
	移取正丁醇标液体积			
	混标正丁醇质量			
	混标甲醇峰面积			
	混标正丁醇峰面积			
	甲醇相对校正因子			
	甲醇相对校正因子平均值			

续表

项目		1	2	备注
样品甲醇含量测定	样品体积/mL			
	移取正丁醇标液体积/mL			
	正丁醇质量/g			
	样品正丁醇峰面积			
	样品甲醇峰面积			
	甲醇含量/%			
	极差/%			

工业酒精中甲醇含量的测定记录表格（Ⅱ）

色谱条件		柱温/℃：　　气化温度/℃：　　检测器温度/℃： 载气流量/(mL/min)：　　分流比： 空气/(mL/min)：　　　　氢气/(mL/min)：		
项目		1	2	备注
相对校正因子测定	甲醇质量/g			
	甲醇定容体积/mL			
	甲醇标液浓度/(mg/mL)			
	正丁醇质量/g			
	正丁醇定容体积/mL			
	正丁醇标液浓度/(mg/mL)			
	移取甲醇标液体积			
	混标甲醇质量			
	移取正丁醇标液体积			
	混标正丁醇质量			
	混标甲醇峰面积			
	混标正丁醇峰面积			
	甲醇相对校正因子			
	甲醇相对校正因子平均值			

续表

项目		1	2	备注
样品甲醇含量测定	样品体积/mL			
	移取正丁醇标液体积/mL			
	正丁醇质量/g			
	样品正丁醇峰面积			
	样品甲醇峰面积			
	甲醇含量/%			
	极差/%			

检验员 _____   复核员 _____

四、数据处理过程及结果判定

1. 列出工业酒精样品中甲醇含量的计算过程，按标准要求保留有效数字。

2. 根据 GB/T 394.1—2008《工业酒精》要求给出检测结论。

活动五 ········ **检查与改进**

一、分析实验完成情况

1. 操作是否符合规范要求

　　（1）正确说出气相色谱仪各功能键的作用。　　　　□是　　□否

　　（2）正确检查色谱气路气密性。　　　　　　　　　□是　　□否

　　（3）熟练使用氮气钢瓶和氢气发生器。　　　　　　□是　　□否

　　（4）正确识别色谱图。　　　　　　　　　　　　　□是　　□否

（5）熟练掌握开关机顺序。　□是　□否

（6）正确测定甲醇相对校正因子。　□是　□否

（7）正确使用微量注射器进样。　□是　□否

（8）正确配制混标样和样品。　□是　□否

（9）正确利用内标法计算甲醇含量。　□是　□否

（10）规范填写仪器使用记录。　□是　□否

2. 实验数据记录和处理是否规范正确

（1）正确填写记录表各要素。　□是　□否

（2）正确记录实验数据，无不规范涂改。　□是　□否

（3）正确保留有效数字。　□是　□否

（4）正确计算实验数据。　□是　□否

3. HSE 管理执行情况及工作效率

（1）按要求穿戴工作服和防护用品。　□是　□否

（2）废液、废固按要求处理。　□是　□否

（3）无仪器损坏。　□是　□否

（4）未发生安全事故（灼伤、烫伤、割伤等）。　□是　□否

（5）实验中仪器摆放整齐。　□是　□否

（6）实验后，清洗仪器、整理桌面。　□是　□否

（7）在规定时间内完成实验，用时_____min。　□是　□否

4. 教师汇总并点评全部实验结果

（1）平行进样色谱峰峰面积相对极差_____ ，满足教学要求。

　□是　□否

（2）测定结果相对极差_____ ，符合重现性要求。　□是　□否

（3）测定结果的准确度_____（统计全班学生的测定结果，计算出参照值），本次测定有效。　□是　□否

二、列出存在的问题，改进后再次实验

1. 列出实验过程中存在的问题及改进措施。

2. 再次实验，并撰写检验报告。

根据实验完成情况分析，进一步规范自身操作，减少系统误差和偶然误差，提高分析结果的精密度和准确度，同时撰写电子版检测报告。

小知识

1. 企业的记录表格。

请扫描二维码了解。

企业记录表格

2. 内标法是将一定量选定的标准物（称内标物 s）加入一定量试样中，混合均匀后，在一定条件下注入色谱仪，出峰后分别测量组分和内标物 s 的峰面积（或峰高），按下式计算组分含量。

$$w_i = \frac{m_i}{m_{样}} \times 100\% = \frac{m_s \times \dfrac{f_i A_i}{f_s A_s}}{m_{样}} \times 100\%$$

式中，A_i、A_s 分别为组分 i 和内标物 s 的峰面积；f_i、f_s 分别为组分 i 和内标物 s 的校正因子。

3. 内标法的优点是定量准确，操作条件不必严格控制，且不像归一化法那样在使用上有所限制。缺点是必须对试样和内标物准确称重，比较费时。

4. 内标法的关键是选择合适的内标物，对于内标物的要求如下：

① 内标物是试样中不存在的纯物质；

② 内标物的性质应与待测组分性质相近，以使内标物的色谱峰与待测组分的色谱峰靠近并与之完全分离；

③ 内标物与样品应完全互溶，且不能发生化学反应；

④ 内标物加入量应与待测组分含量接近。

评价与反馈

一、个人任务完成情况综合评价

评价项目及标准		配分	自评	互评	师评
学习态度	1. 按时上、下课，无迟到、早退或旷课现象	20			
	2. 遵守课堂纪律，无睡觉、看课外书、玩手机、闲聊等现象				

评价项目及标准			配分	自评	互评	师评
学习态度	3. 学习主动,能自觉完成老师布置的预习任务		20			
	4. 认真听讲,不走神或发呆					
	5. 积极参与小组讨论,发表自己的意见					
	6. 主动代表小组发言或展示操作					
	7. 发言时声音响亮、表达清楚,展示操作较规范					
	8. 听从组长分工,认真完成分派的任务					
	9. 按时、独立完成课后作业					
	10. 及时填写工作页,书写认真、不潦草					
	一个否定选项扣2分					
操作规范	1. 正确配制溶液　4分		20			
	2. 正确检查色谱气路气密性　2分					
	3. 正确使用气体钢瓶和氢气发生器　2分					
	4. 正确设置仪器参数　2分					
	5. 正确使用内标法测定甲醇含量　4分					
	6. 正确使用微量注射器进样　2分					
	7. 正确识别色谱图　2分					
	8. 规范填写仪器使用记录　2分					
HSE及工作效率	1. 按要求穿戴工作服和防护用品		10			
	2. 实验过程中仪器摆放整齐					
	3. 实验过程中无仪器损坏和安全事故发生					
	4. 实验结束后废液、废固按要求处理					
	5. 在规定时间内完成实验					
	一个否定选项扣2分					
过程记录	及时进行原始数据记录 每错一项扣1分,最多扣2分		10			
	正确记录、修约与保留有效数字 每错一项扣1分,最多扣2分					
	计算过程无差错 每错一项扣3分,最多扣6分					
	计算过程有伪造数据或篡改数据,数据作废,按0分计					
测定结果	精密度	平行测定结果的极差≤1.0%,不扣分	20			
		1.0%＜平行测定结果的极差≤2.0%,扣5分				

续表

评价项目及标准			配分	自评	互评	师评
测定结果	精密度	2.0%＜平行测定结果的极差≤3.0%,扣10分	20			
		3.0%＜平行测定结果的极差≤5.0%,扣15分				
		平行测定结果的极差＞5.0%,扣20分				
	准确度	与参考值的相对误差≤1.0%,不扣分	20			
		1.0%＜与参考值的相对误差≤2.0%,扣5分				
		2.0%＜与参考值的相对误差≤3.0%,扣10分				
		3.0%＜与参考值的相对误差≤5.0%,扣15分				
		与参考值的相对误差＞5.0%,扣20分				
总分			100			

二、小组任务完成情况汇报

1. 实验完成质量：2 次都合格的人数_____，1 次合格的人数_____，2 次均未合格的人数_____。
2. 自评分数最低的同学说说自己存在的主要问题。
3. 互评分数最高的同学说说自己做得好的方面。
4. 小组长安排组员介绍本组存在的主要问题和做得好的方面。

活动
七

拓展专业知识

? 想一想

1. 色谱气路如何进行检漏？气体钢瓶使用过程中有哪些注意事项？
2. 测定工业酒精中的甲醇含量应该选择什么样的色谱柱？

3. 气相色谱法有哪些优缺点？

 相关知识

一、气体钢瓶的使用和气体管路的检漏方法

1. 气体钢瓶的使用

在实验室中，气相色谱仪需要使用氮气、氩气、氢气和空气等作为气源。一般提供气源的有气体发生器和钢瓶。钢瓶由于质量稳定、更换简单、操作方便、提供气体稳定等，在实验室中比较常用。在规范操作中，一般有专门的气瓶室放置气体钢瓶，通过不锈钢管线连接到实验室设备上。

使用钢瓶时，有以下注意事项：

① 需要先开启钢瓶上部的钢瓶开关，再经稳压阀调整到所需的压力。

② 气体钢瓶应放置在阴凉通风，远离火源、热源的钢瓶室内，防止日光直晒及雨水淋湿。

③ 易燃气体钢瓶不得与助燃气体钢瓶置于一处。减压阀和钢瓶需匹配使用。

④ 空瓶和实瓶要分开存放，氢气钢瓶和空气钢瓶分开存放。

⑤ 易燃气体应注意管路尽量短，减少中间接头的连接，并配备泄漏报警装置。

⑥ 钢瓶立放时，要妥善固定，防止气瓶倾倒。

⑦ 瓶内气体不得用尽，压缩气体钢瓶内的剩余压力不得小于 0.05MPa。

⑧ 气体钢瓶要定期检查，做好检查记录。

2. 气体管路的检漏方法

色谱气路检漏常用的方法有两种。一种是皂膜检漏法，即用毛笔蘸上肥皂水涂在各接头上检漏，若接口处有气泡溢出，则表明该处漏气，应重新拧紧，直到不漏气为止。检漏完毕应使用干布将皂液擦净。另一种叫作堵气观察法，即用橡皮塞堵住出口处，转子流量计流量为 0，同时关闭稳压阀，压力表压力不下降，则表明不漏气；反之，若转子流量计流量指示不为 0，或压力表压力缓慢下降（在半小时内，仪器上压力表指示的压力下降大于 0.005MPa），则表明该处漏气，应重新拧紧各接头以至不漏气为止。

二、色谱柱的选择

在气相色谱分析中，分离过程是在色谱柱内完成的。混合组分是否能够在

色谱柱中得到完全分离，很大程度上取决于色谱柱的选择是否合适。因此，色谱柱的选择和制备成为分析中的关键问题。

1. 气-固色谱柱的选择

气-固色谱所采用的固定相为固体，因此气-固色谱柱的选择也就是固定相的选择。固体固定相一般为固体吸附剂，主要有强极性硅胶、中等极性氧化铝、非极性活性炭和特殊的分子筛，主要用于惰性气体和氢气、氧气、氮气、一氧化碳、二氧化碳、甲烷等永久性气体及低沸点有机化合物的分析。

2. 气-液色谱柱的选择

气-液色谱所采用的固定相为液体，因此气-液色谱柱的选择也就是固定液的选择。应根据不同的分析对象和分析要求选择固定液。可以按照"相似相溶"原理进行选择，即按照待分离组分的极性或化学结构与固定液相似的原则来选择，一般规律如下：

① 分离非极性物质，一般选用非极性固定液。试样各组分按照沸点从低到高的顺序流出色谱柱。

② 分离极性物质，一般按照极性强弱来选择对应极性的固定液，试样各组分一般按照极性从小到大的顺序流出色谱柱。

③ 分离极性和极性混合物时，一般选用极性固定液。这时非极性组分先出峰，极性组分后出峰。

④ 能形成氢键的试样，如醇、酚、胺和水的分离，一般选择氢键型固定液，此时试样各组分按与固定液分子间形成氢键能力大小的顺序流出色谱柱。

⑤ 对于复杂组分，一般可选用两种或两种以上的固定液配合使用，以增强分离效果。

三、分流比

使用小口径毛细管色谱柱时，由于色谱柱比较细，样品气化产生气体膨胀后，不可能瞬间进入色谱柱，而是有个时间，但也不能太长，否则谱带会变宽。另外，由于色谱柱的载样量不是无限大，过多的样品进入色谱柱会超载，造成分离效能下降，峰变形拖尾，还会影响使用寿命。因此，在使用小口径毛细管色谱柱时，常需要进行分流。

分流比：气相色谱仪分流比就是样品到达进样口后气化产生的气体，进入色柱与排出进样器的比例。

$$分流比 = 分流流量 / 柱流量$$
$$进样口的总流量 = 分流流量 + 柱流量 + 吹扫流量$$

四、分离度

分离度又称分辨率，其定义为相邻两组分色谱峰的保留时间之差与两峰底宽度之和一半的比值，即

$$R = \frac{t_{R_2} - t_{R_1}}{(w_{b_1} + w_{b_2})/2}$$

式中，t_{R_2}、t_{R_1} 分别为1、2组分的保留时间；w_{b_1}、w_{b_2} 分别为1、2组分的峰宽。

R 值越大，两组分分离就越完全。当 $R=1.5$ 时，两相邻组分间的分离程度可达99.7%，当 $R<1$ 时，两相邻组分色谱峰有明显的重叠。通常当 $R \geqslant 1.5$ 时，可视为两相邻色谱峰得到完全分离。

五、气相色谱法的优缺点

1. 气相色谱法的优点

① 分离效率高，分析速度快，例如可将汽油样品在2h内分离出200多个色谱峰，一般的样品分析可在20min内完成。

② 样品用量少，检测灵敏度高，例如气体样品用量为1mL，液体样品用量为 $0.1\mu L$，固体样品用量为几微克，用适当的检测器能检测出含量在百万分之十几至十亿分之几的杂质。

③ 选择性好，可分离、分析恒沸混合物，沸点相近的物质，某些同位素，顺式与反式异构体，邻、间、对位异构体，旋光异构体，等等。

④ 应用范围广，虽然主要用于分析各种气体和易挥发的有机物质，但在一定的条件下，也可以分析高沸点物质和固体样品。应用的主要领域有石油工业、环境保护、临床化学、药学、食品工业等。

2. 气相色谱法缺点

在对组分直接进行定性分析时，必须用已知物或已知数据与相应的色谱峰进行对比，或与其他方法（如质谱、光谱）联用，才能获得直接肯定的结果。在定量分析时，常需要用已知物纯样品对检测后输出的信号进行校正。

六、气相色谱法的特点和应用范围

气相色谱法是基于色谱柱能分离样品中各组分，检测器能连续响应，能同时对各组分进行定性定量的一种分离分析方法，具有分离效率高、灵敏度高、分离速度快等特点。它不仅可以分析气体，还可以分析固体和液体，只要样品

在 450℃下能气化且不分解都可以用气相色谱法进行分析。气相色谱法广泛应用于药物分析、食品检验、农业生产中。

 —————— 练习题

一、填空题

FID 指的是_____。在使用过程中，使用的载气是_____，使用的燃气和助燃气分别是氢气和空气，氢气和空气流量的比例是_____。

二、单项选择题

1. 既可调节载气流量，也可控制燃气和空气流量的是（　　　）。

A. 减压阀　　　　B. 稳压阀　　　　C. 针形阀　　　　D. 稳流阀

2. TCD 的基本原理是依据被测组分与载气（　　　）的不同。

A. 相对极性　　　B. 电阻率　　　　C. 相对密度　　　D. 导热系数

3. 火焰离子化检测器中，使用（　　　）作载气将得到较好的灵敏度。

A. H_2　　　　　B. N_2　　　　　C. He　　　　　　D. Ar

4. 气相色谱定量分析时，当样品中各组分不能全部出峰或在多种组分中只需定量其中某几个组分时，可选用（　　　）。

A. 归一化法　　　B. 标准曲线法　　C. 比较法　　　　D. 内标法

5. 气相色谱中进样量过大会导致（　　　）。

A. 有不规则的基线波动　　　　　　　B. 出现额外峰

C. FID 熄火　　　　　　　　　　　　D. 基线不回零

三、判断题

1. 在气相色谱仪分析样品时，载气的流速应恒定。　　　　　　　　　　　　（　　　）

2. 色谱柱的作用是分离混合物，它是整个仪器的心脏。　　　　　　　　　　（　　　）

3. 火焰离子化检测器对所有物质都产生响应信号。　　　　　　　　　　　　（　　　）

4. 在气相色谱分析中，柱温的选择应兼顾色谱柱的选择性及柱效率，柱温一般以等于试样中各组分沸点的平均值或高于平均沸点 10℃时为宜。　　　　　　　　　（　　　）

5. 气相色谱分析中，在使用热导检测器时应注意：开启时先送气后通电，关闭时是先停电后停气。　　　　　　　　　　　　　　　　　　　　　　　　　　　　　（　　　）

6. 为防止检测器积水增大噪声，火焰离子化检测器的温度应大于 100℃（常用 150℃）。　　　　　　　　　　　　　　　　　　　　　　　　　　　　　　　　（　　　）

7. 影响热导检测器的灵敏度的主要因素是检测器温度的选择。　　　　　　　（　　　）

8. 色谱分析中，保留时间是色谱定性分析的依据。　　　　　　　　　　　　（　　　）

9. 属于浓度敏感型的气相色谱检测器为热导检测器、火焰光度检测器。　　　（　　　）

10. 色谱法只能分析有机物，而对任何无机物都不能进行分析。　　　　　　（　　　）

四、计算题

1. 以正十八烷为内标物，内标法测定燕麦敌样品中的燕麦敌含量时，已知样品的质量为 8.12g，正十八烷的质量为 1.85g，经色谱分析测得燕麦敌和正十八烷的峰面积分别为 60.0、80.5，已知燕麦敌以正十八烷为标准的相对质量校正因子为 2.40，求样品中燕麦敌的质量分数。

2. 用内标法测定环氧丙烷中水分含量，以甲醇作为内标物，称取 0.0115g 甲醇，加到 2.2679g 样品中，混匀后，进样 0.2μL，测得如下数据：水分峰高 150.2，甲醇峰高 174.8；已知水与内标物甲醇的相对质量校正因子分别为 0.70 和 0.75，请计算样品中水分的含量。

 阅读材料

气相色谱法的应用

气相色谱法在石油化学工业中可用来分析大部分的原料和产品；在电力部门中可用来检查变压器的潜伏性故障；在环境保护工作中可用来监测城市大气和水的质量；在农业上可用来监测农作物中残留的农药；在食品行业可用来检验及鉴定食品质量的好坏；在医学上可用来研究人体新陈代谢、生理功能；在临床上可用于鉴别药物中毒或疾病类型；在宇宙舱中可用来自动监测飞船密封舱内的气体；等等。

虽然 GC 的出现较 LC 晚了 50 年，但其在此后 20 多年的发展却是 LC 所望尘莫及的。从 1955 年第一台商品 GC 仪器的推出，到 1958 年毛细管 GC 柱的问世；从毛细管 GC 理论的研究，到各种检测技术的应用，GC 很快从实验室的研究技术变成了常规分析手段，几乎形成了色谱领域 GC 独领风骚的局面。1970 年以来，电子技术，特别是计算机技术的发展，使 GC 技术进一步发展，1979 年弹性石英毛细管柱的出现更使 GC 上了一个新台阶。这些既是高科技发展的结果，又是现代工农业生产的要求使然。反过来，色谱技术又大大促进了现代物质文明的发展。在现代社会的方方面面，色谱技术均发挥着重要作用。从航天飞机，到航空母舰，都用 GC 来监测舱内中的气体质量。从日常生活中的食品和化妆品，到各种化工生产的工艺控制和产品质量检验；从司法检验中的物质鉴定，到地质勘探中的油气田寻找；从疾病诊断、医药分析，到考古发掘、环境保护，GC 技术的应用极为广泛。

1. 气相色谱在石化分析中的应用主要涉及以下几个方面：①油气田勘探中的地球化学分析；②原油分析；③炼厂气分析；④模拟蒸馏；⑤油品分析；⑥单质烃分析；⑦含硫和含氮化合物分析；⑧汽油添加剂分析；⑨脂肪烃分析；⑩芳香烃分析；⑪工艺过程色谱分析。

2. 气相色谱在环境分析中的应用主要有以下几个方面：①大气污染分析

（有毒有害气体等）；②饮用水分析（多环芳烃、农药残留、有机溶剂等）；③水资源分析（包括淡水、海水和废水中的有机污染物）；④土壤分析（有机污染物）；⑤固体废弃物分析。

3. 气相色谱在食品分析中的应用主要有以下几个方面：①脂肪酸甲酯分析；②农药残留分析；③香精香料分析；④食品添加剂分析；⑤食品包装材料中挥发物的分析。

4. 气相色谱在医药分析中的应用主要有以下几个方面：①雌三醇测定；②尿中孕二醇和孕三醇测定；③尿中胆固醇测定；④儿茶酚胺代谢产物的分析；⑤血液中乙醇、麻醉剂以及氨基酸衍生物的分析；⑥血液中睾丸激素的分析；⑦某些挥发性药物的分析。

5. 气相色谱在物理化学研究中的应用主要有以下几个方面：①比表面积和吸附性能研究；②溶液热力学研究；③蒸气压的测定；④络合常数测定；⑤反应动力学研究；⑥维里系数测定。

6. 气相色谱在聚合物分析中的应用主要有以下几个方面：①单体分析；②添加剂分析；③共聚物组成分析；④聚合物结构表征；⑤聚合物中的杂质分析；⑥热稳定性研究。

学习任务六 蔬菜中有机磷农药残留物的测定

蔬菜富含多种维生素、膳食纤维和矿物质，是人们日常饮食中必不可少的食物之一。为了防治病虫害，提高蔬菜的产量，在种植过程中会使用有机磷农药杀虫。虽然有机磷农药具有高效的杀虫能力，为增加农作物的产量、防治病虫害做出很大贡献，但是农药的使用对生态系统产生的负面影响也日益严重。尤其是蔬菜、水果中因使用的农药种类、使用量和使用的时期不合理，会使农药残留在食物中，通过食物链在生物体内富集，影响人类的健康。

有机磷类农药对人的危害从剧毒到低毒不等，经皮肤、呼吸和胃肠中毒。特别是脂溶性溶液经皮肤吸收得更快，容易与人体内的胆碱酶结合，抑制乙酰胆碱酯酶，使乙酰胆碱积聚，引起中枢神经系统症状，严重时可因肺水肿、脑水肿、呼吸麻痹而死亡。重度急性中毒者还会发生迟发性猝死。某些种类的有机磷中毒可在中毒后 8~14 天发生迟发性神经毒性。因此，对蔬菜中的农药残留进行检测可以确定蔬菜中农药残留的量，防止食用后对人体造成危害，对人们的健康饮食具有重要意义。农药残留检测是监督和检查食品是否符合国家卫生标准的重要手段。

任务描述

学校食堂每天都采购蔬菜进行烹饪。为确保师生食用安全，学校后勤科委托食品检测中心对采购的每批蔬菜进行有机磷农药残留的检测。食品检测中心业务室审核确认实验室有该资质及能力分析此项目后，将委托单流转至检测室，由检测室主任审核批准同意分析该样品。业务室将样品交给样品管理员，样品管理员根据项目安排派发检测任务。色谱分析组根据检测任务分配单各自领取实验任务，按照样品检测分析标准进行分析。实验结束后两个工作日内，检测员统计分析数据，交给检测室主任审核，数据没问题则流转到报告编制员手中编制报告，报告编制完成后流转到报告一审、二审人员，最后流转到报告签发人手中审核签发。

作为检测员的你，接到检测任务后，请按照相关标准要求，制定检测方案，在 3 个工作日内完成蔬菜中甲胺磷、甲拌磷的分析检测，出具检测报告。要求甲胺磷、甲拌磷测定结果的重复性符合 NY/T 761—2008《蔬菜和水果中有机磷、有机氯、拟除虫菊酯和氨基甲酸酯类农药多残留的测定》标准中附录 A 的要求，工作过程符合 HSE 规范要求。

 任务目标

完成本学习任务后，应当能够：

① 叙述农药残留测定的意义；

② 陈述有机磷农药残留检测的流程和气相色谱仪检测有机磷农药残留的工作原理；

③ 按照操作规程正确操作气相色谱仪；

④ 依据 NY/T 761—2008《蔬菜和水果中有机磷、有机氯、拟除虫菊酯和氨基甲酸酯类农药多残留的测定》和学院实验条件，以小组为单位制订实验计划，在教师引导下进行可行性论证；

⑤ 服从组长分工，独立做好分析仪器的准备工作和实验用溶液的配制工作，培养团队协作精神和自学能力；

⑥ 按仪器操作规范要求，使用比较法独立完成蔬菜中农药残留检测项目，正确填写原始记录，进行数据处理后出具检测报告；

⑦ 参照检测标准，判断测定的蔬菜中有机磷农药残留检测项目是否符合标准要求；

⑧ 评价实验情况，按 HSE 要求，做好实验前、中、后的物品管理和操作安全防护等工作；

⑨ 通过学习国家食品监管手段，增强食品安全理念，树立食品的追溯意识，意识到食品质量监管的重要性；

⑩ 结合奶粉诚信守护中国宝宝"奶瓶"的案例，强化诚实守信意识，培养学生诚信为本的理念。

 建议学时

26 学时

识读任务委托检测协议书。

委托检测协议书

协议书编号：_____

收样人员：_____

收样日期：_____

客户信息

申请方 : _____		联系人 : _____	
地址 : _____		电话 : _____	
电子邮箱 : _____	邮编: _____	传真 : _____	
付款单位/ 发票抬头 : _____		联系人 : _____	
地址 : _____		电话 : _____	
电子邮箱 : _____	邮编: _____	传真 : _____	

样品与检测信息

样品名称 : ___上海青___　　　样品数量: ___2___　　　存储条件: ☑常温　□冷藏　□冷冻　□其他

样品颜色 : ___绿色___　　　样品状态: ___正常___　　　样品包装: 袋装,5kg,密封完好

检测样品	检测项目	检测依据	检测项目	检测依据	检测项目	检测依据
上海青 Ⅰ	甲胺磷		甲拌磷			
上海青 Ⅱ	甲胺磷		甲拌磷			
需分包的项目为：						

注:如客户未指定或未填写检测方法,则视为同意本公司所选用的方法

分包确认: 是否接受××检测公司将样品分包？　□是　　□否(若客户未填写,则视为同意分包)

检测类别: ☑委托检测　　　□仲裁检测　　　□监督检测　　□其他

报告方式: ☑一张申请单对应一份报告　□同类样品对应一份报告　□其他_____
　　　　　☑标准服务　　　　　　　　□加急服务　　　　　　□特急服务　　□其他(协

检测周期: □7 个工作日　　　□5 个工作日　　　□3 个工作日　　议周期____
　　　　　不加收费用　　　　　加收 40% 费用　　　加收 100% 费用　　个工作日)

续表

判定要求	:□只出结果,不作判定	☑按标准指标判定□按明示指标＿＿＿判定
报告盖章	:☑盖 CMA 章	□仅盖检验检测专用章(注:未获得 CMA 资质的项目依照 要求仅用于内部质量控制、科研等,检测结果不用于社会 证明。)
报告和 发票发放	:□自领	☑普通快递(报告寄往　□申请方　□付款方　□其他 　　　　　　发票寄往　□申请方　□付款方　□其他)
剩样处理	:□退还客户	☑公司自行处理　　□其他
总费用	:	
备注	:	

温馨提示:请您再次确认相关内容的完整性和准确性,清楚了解并同意××检测公司提供的服务与收费情况,报告签发后,如需修改报告,将向您收取报告修改费用××元/份。委托检测仅对来样负责。本单一式二联,第一联存根,第二联由申请方保存,请客户凭本单的第二联或有效证件/文件领取检测报告。

申请方签章:＿＿＿＿＿＿＿＿＿＿＿＿＿＿　日期:＿＿＿＿＿＿＿＿＿＿＿＿＿＿

公司代表人签名:＿＿＿＿＿＿＿＿＿＿＿　日期:＿＿＿＿＿＿＿＿＿＿＿＿＿＿

1. 请用记号笔标出委托检测协议书中的关键词,把关键词写在下面的横线上。

＿＿＿＿＿＿＿＿＿＿＿＿＿＿＿＿＿＿＿＿＿＿＿＿＿＿＿＿＿＿＿＿＿＿＿＿

＿＿＿＿＿＿＿＿＿＿＿＿＿＿＿＿＿＿＿＿＿＿＿＿＿＿＿＿＿＿＿＿＿＿＿＿

＿＿＿＿＿＿＿＿＿＿＿＿＿＿＿＿＿＿＿＿＿＿＿＿＿＿＿＿＿＿＿＿＿＿＿＿

2. 请根据协议书的内容简述该任务的要求,并根据测定项目找出检测依据填至表格中。

＿＿＿＿＿＿＿＿＿＿＿＿＿＿＿＿＿＿＿＿＿＿＿＿＿＿＿＿＿＿＿＿＿＿＿＿

＿＿＿＿＿＿＿＿＿＿＿＿＿＿＿＿＿＿＿＿＿＿＿＿＿＿＿＿＿＿＿＿＿＿＿＿

＿＿＿＿＿＿＿＿＿＿＿＿＿＿＿＿＿＿＿＿＿＿＿＿＿＿＿＿＿＿＿＿＿＿＿＿

＿＿＿＿＿＿＿＿＿＿＿＿＿＿＿＿＿＿＿＿＿＿＿＿＿＿＿＿＿＿＿＿＿＿＿＿

小知识

1. 农药的品种繁多,根据化学成分可分为有机磷类、有机氯类、氨基甲酸酯类、拟除虫菊酯类等,其中有机磷农药是应用最广泛的一种农药。有机磷农药是一种含磷元素的有机化合物农药,主要用于防治农作物病、虫、草害。其种类繁多,根据毒性强弱可分为高毒、中毒、低毒三类,其中甲胺磷、甲拌磷均属于高毒性的农药。有机磷农药大多数为酯类,难溶于水,可溶于脂溶性溶剂,呈棕色油状或结晶状,具有特殊的蒜臭味,易挥发、易水解,对光、热不稳定，在碱性介质、水分含量高、高温的环境下更容易发生水解。因此，收到样品后应及时检测，防止待测物分解影响检测结果。

2. 叶类蔬菜在制备过程中，应去掉明显腐烂和蔫萎部分的茎叶，采集样本量至少为4～12个个体，不少于3kg。样品在制备过程中，应防止待测组分发生化学变化、损失，避免污染。

3. 叶类蔬菜切碎混合后，按四分法缩分，取600～800g用组织捣碎机或匀浆处理后，取250～500g保存待测。

4. 有机磷农药性质不稳定，应及时检测，蔬菜属于易腐败变质的样本，处理好后未能及时检测应放置于−20～−16℃的条件下冷冻保存。

5. 制备好的蔬菜样品应贴上标签并注明产品名称、编号、检测项目、制样日期、制样人姓名、检测状态等信息。一袋供分析检验用，另一袋保存备查。

获取信息

一、有机磷农药

 看一看

1. 有机磷农药的危害

有机磷农药是我国目前使用最广、用量最大的农业杀虫剂。在有机磷农药的生产、运输、保管和使用过程中，稍有不慎，就可发生中毒。我国每年都有数万人发生急性有机磷中毒，其中1/4～1/3的中毒发生在生产和使用有机磷的职业活动中。如在生产过程中，设备、工艺落后或管理不善，出现跑、冒、滴、漏；在包装有机磷农药时，徒手操作，皮肤被污染；运输和销售农药时，包装破损，药液溢漏；使用农药时，缺乏个人防护、施药器械溢漏、逆风喷洒、衣服和皮肤污染后未及时清洗；等等。有机磷农药中毒不仅危害农药生产和销售人员的健康，而且已成为我国农村最重要的职业卫生问题。

短期内接触较大量的有机磷杀虫剂后，可引起以神经系统损害为主的急性中毒，出现头晕、头痛、乏力、恶心、呕吐、多汗、胸闷、视物模糊、瞳孔缩小等症状。有些患者还可能出现肌束震颤，中毒严重者会出现昏迷、肺水肿、呼吸衰竭和脑水肿，如果不及时抢救，中毒者可很快死亡。少数患者在急性中毒后1～4天可发生颈屈肌和四肢近端肌肉、脑神经支配的部分肌肉及呼吸肌的肌力减弱或麻痹，被称为中间期肌无力综合征。

2. 有机磷农药中毒的预防措施

① 防止食品污染。正确使用农药，加强安全使用有机磷农药的宣传教育，提高人们特别是从业人员的个人防护知识水平。注意使用时间和使用次数，开展抗虫品种的培育和生物防虫工作。

② 改进生产工艺及施药器械，生产过程应尽可能密闭化、自动化，并加强通风排毒措施，杜绝跑、冒、滴、漏。

③ 施药时要严格执行相关的规定，穿长袖衣、长裤和胶靴，戴胶皮手套，合理配制施药浓度。要在上风向侧喷洒农药，同时要隔行喷药。喷药时不吃东西，不吸烟。施药结束后要及时换洗衣服，清洗被污染的皮肤和头发。

④ 淘洗、烹调可降低食品中的有机磷农药残留。

⑤ 严格控制残留量，我国内吸磷允许残留量≤0.2mg/kg，对硫磷≤0.3mg/kg，敌百虫≤0.1mg/kg。

大力发展高效低毒的农药，限制或禁止生产和使用对人、畜危害性大的有机磷农药品种。

写一写

如何去除食品中的有机磷农药残留？

二、火焰光度检测器的测定原理和结构

看一看

火焰光度检测器（FPD）是一种高选择性和高灵敏度的检测器，它对含硫、磷化合物的检测灵敏度高，目前主要用于环境污染和生物化学领域，可检测含硫、磷有机化合物（农药）以及硫化物，如甲胺磷、甲拌磷、敌敌畏、马拉硫磷等。

1. 测定原理

　　从色谱柱流出的含磷/硫有机化合物在氢气与空气形成的火焰中燃烧，生成 HPO 或者 S＝S，特定波长的光波通过滤光片到达光电倍增管（PMT），产生放大的电信号，被信号板记录传输到数据工作站。含磷化合物燃烧生成 HPO 分子，产生 526nm 光波，与浓度呈线性相关。含硫化合物燃烧生成 S＝S 分子，产生 394nm 光波，非线性响应，与硫原子浓度的平方成正比。同时，该检测器对有机磷、有机硫的响应值高，可排除大量溶剂峰及烃类的干扰，是检测有机磷农药和含硫污染物的主要检测器。

　　当磷化物进入火焰，形成激发态的 HPO＊分子，同时它回到基态时发射出特征的绿色光；当硫化物进入火焰，形成激发态的 S＊分子，此分子回到基态时发射出特征的蓝紫色光；这两种特征光的光强度与被测组分的含量成正比，这正是 FPD 的定量基础。特征光经滤光片滤光后，再由光电倍增管进行光电转换，产生相应的光电流。

　　火焰光度检测器的工作原理见图 6-1。

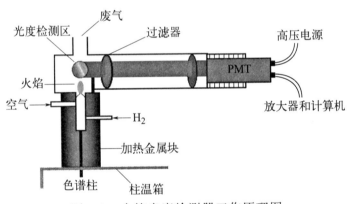

图 6-1　火焰光度检测器工作原理图

2. 火焰光度检测器的结构

　　火焰光度检测器由火焰发光系统和光、电系统构成（图 6-2）。火焰发光系统包括火焰喷嘴、遮光槽、点火器等；光、电系统包括石英窗、滤光片和光电倍增管。

3. 火焰光度检测器的应用

　　① 检测精油中的硫醇、COS、H_2S、CS_2、SO_2。

　　② 检测污染水中的硫醇。

　　③ 检测空气中的 H_2S、CS_2、SO_2。

　　④ 检测农药残留。

　　⑤ 检测天然气中含硫化物气体。

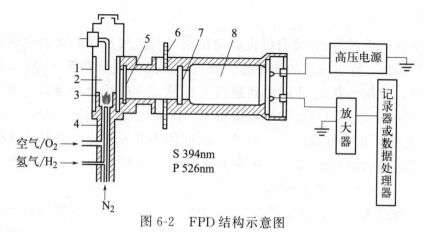

图 6-2   FPD 结构示意图

1—石英管；2—发光管；3—遮光槽；4—点火器；5—石英窗；6—散热片；7—滤光片；8—光电倍增管

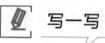

写一写

测定含磷和含硫化物，FPD 产生的特征光分别是什么颜色？

三、农药残留量检测方法

看一看

农药残留量检测是微量或痕量分析，必须采用高灵敏度的检测技术才能实现。自 20 世纪 50 年代，各国科学家就开始研究农药残留的检测方法。常规检测的分析方法有光谱法、酶抑制法和色谱法等。传统的 GC/MS 等农药残留分析技术检测成本高、时间长，这就给食品安全监管部门对农产品产前、产中、产后的监督工作带来了许多不便，因此也催生出大量的农药残留的快速检测技术。

1. 光谱法

光谱法是根据有机磷农药中的某些官能团或水解、还原产物与特殊的显色剂在特定的环境下发生氧化、磺酸化、络合等化学反应，产生特定波长的颜色反应来进行定性或定量测定。检出限在微克级。它可直接检测固体、液体及气体样品，对样品前处理要求低，环境污染小，分析速度快。但是，光谱法只能检测一种或具有相同基团的一类有机磷农药，灵敏度不高，一般只能作为定性方法。

2. 酶抑制法

酶抑制法是根据有机磷和氨基甲酸酯类农药能抑制昆虫中枢和周围神经系统中乙酰胆碱的活性，造成神经传导介质乙酰胆碱的积累，影响正常神经传导，使昆虫中毒致死这一昆虫毒理学原理进行检测的。根据这一原理，将特异性抑制胆碱酯酶（ChE）与样品提取液反应，若 ChE 受到抑制，就表明样品提取液中含有有机磷或氨基甲酸酯农药。

3. 色谱法

色谱法是农药残留分析的常用方法之一，它根据分析物质在固定相和流动相之间的分配系数的不同达到分离目的，并将分析物质的浓度转换成易被测量的电信号（电压、电流等），然后传送到记录仪。其主要有薄层色谱法、气相色谱法和高效液相色谱法。

（1）薄层色谱法　薄层色谱法（thin layer chromatography，TLC）是一种较成熟的、应用较广的微量快速检测方法。20 世纪 60 年代色谱技术的发展使薄层色谱法在农药残留分析中得到广泛应用。薄层色谱法实质上是以固态吸附剂（如硅胶、氧化铝等）为担体，水为固定相溶剂，有机溶剂为流动相组合而成的分配型色谱分离分析方法。

（2）气相色谱法　气相色谱法（GC）是在柱色谱基础上发展起来的一种新型仪器方法，是色谱发展中最为成熟的技术。它以惰性气体为流动相，将经提取、纯化、浓缩后的有机磷农药（OPs）注入气相色谱柱，升温气化后，不同的OPs 在固定相中分离，经不同的检测器检测扫描绘出气相色谱图，通过保留时间来定性，通过峰或峰面积与标准曲线对照来定量，是既能定性，又可定量，准确，灵敏度高，并且一次可以测定多种成分的柱色谱分离技术。

（3）高效液相色谱法　高效液相色谱法（high performance liquid chromatography，HPLC）是以液体为流动相，利用被分离组分在固定相和流动相之间分配系数的差异实现分离，是在液相柱色谱的基础上，引入气相色谱理论并加以改进而发展起来的色谱分析方法。

4. 快速检测技术

常见的有化学速测法、免疫分析法和活体检测法等。

化学速测法，主要根据水解产物与检测液发生氧化还原反应变色，用于有机磷农药的快速检测，但是灵敏度低，且易受还原性物质干扰。

免疫分析法，主要有放射免疫分析和酶免疫分析，最常用的是酶联免疫分析（ELISA），基于抗原和抗体的特异性识别和结合反应，对于小分子量农药需

　　要制备人工抗原，才能进行免疫分析。

　　活体检测法，主要利用活体生物对农药残留的敏感反应，例如给家蝇喂食样品，观察死亡率来判定农药残留量。该方法操作简单，但定性粗糙、准确度低，对农药的适用范围窄。

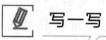

　　结合实验室现有条件，请选择适合测定蔬菜中甲胺磷、甲拌磷农药残留量的检测方法。

四、仪器的使用

　　扫码观看视频，记录操作要点。

气相色谱法测定有机磷农药残留物含量

　　查阅气相色谱仪的操作指南，结合操作视频补充完善气相色谱法测定有机磷农药残留量的操作步骤。

序号	操作流程	操作图示	操作步骤及注意事项
1	样品预处理和溶液制备		1. 试样的制备 　取蔬菜可食部分,经缩分后,放入搅拌机粉碎。

续表

序号	操作流程	操作图示	操作步骤及注意事项
1	样品预处理和溶液制备	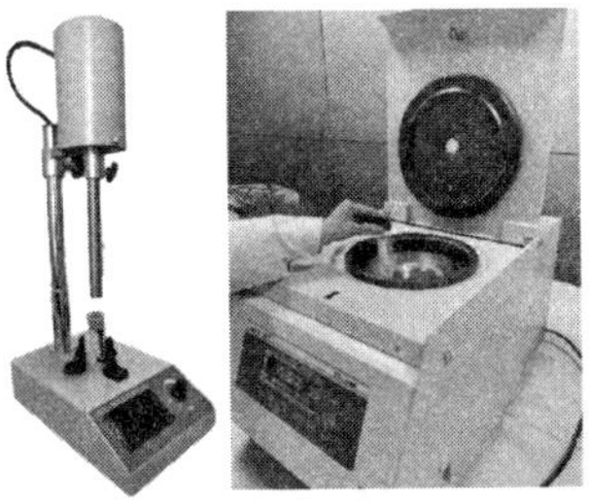 	2. 试样的提取 准确称取____g经粉碎后的蔬菜样品,加入____mL乙腈,加入5g氯化钠,混匀后,放置高速离心机中离心分离。 　3. 试样的净化 准确移取离心分离后的乙腈溶液____mL,放入梨形瓶中,水浴加热近干,加入2mL的丙酮溶解残渣,转移至10mL的刻度离心管中,再加入3mL的丙酮清洗梨形瓶,合并至离心管中,用丙酮定容至5mL。用旋涡振荡器混匀后,经____μm滤膜过滤后备用
			1. 配制甲胺磷、甲拌磷标准储备液 配制____mg/L的甲胺磷和甲拌磷标准储备液并储存于____℃的冰箱中。 　2. 配制甲胺磷、甲拌磷混合标准使用液 分别移取____mL的甲胺磷和____mL甲拌磷标准储备液,配制成为____mg/L的甲胺磷、甲拌磷混合标准使用液
2	仪器准备	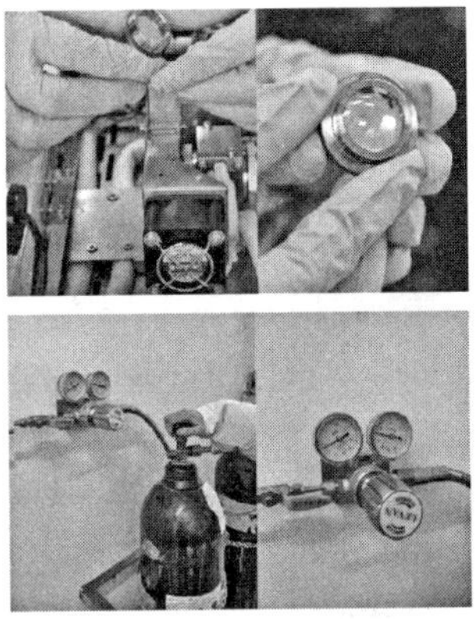	1. 检查滤光片的安装 使用仪器测量前,首先检查仪器滤光片的安装,测定有机磷农药残留量,采用的滤光片是含P滤光片,颜色是____。 　2. 检查管路的气密性。 　3. 打开载气____,调节分压阀的压力至____MPa

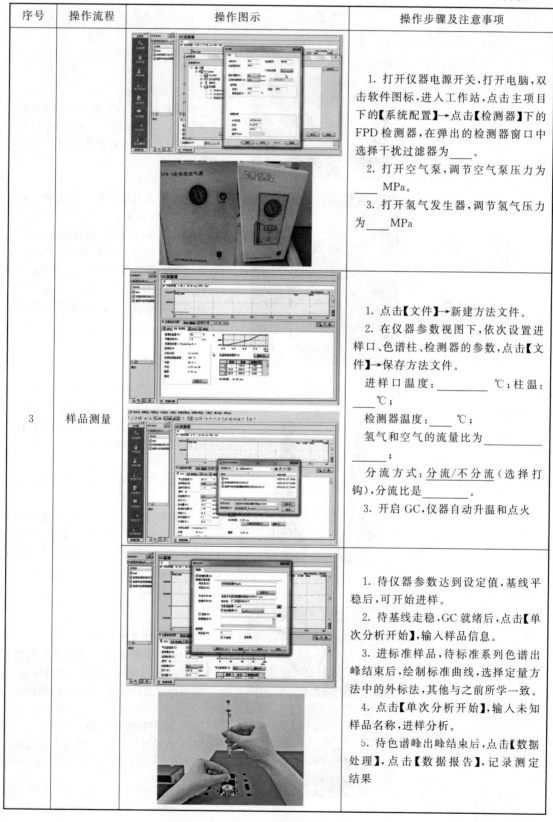

序号	操作流程	操作图示	操作步骤及注意事项
3	样品测量		1. 打开仪器电源开关,打开电脑,双击软件图标,进入工作站,点击主项目下的【系统配置】→点击【检测器】下的FPD检测器,在弹出的检测器窗口中选择干扰过滤器为____。 2. 打开空气泵,调节空气泵压力为____MPa。 3. 打开氢气发生器,调节氢气压力为____MPa
			1. 点击【文件】→新建方法文件。 2. 在仪器参数视图下,依次设置进样口、色谱柱、检测器的参数,点击【文件】→保存方法文件。 进样口温度:_____℃;柱温:____℃; 检测器温度:____℃; 氢气和空气的流量比为_____; 分流方式:分流/不分流(选择打钩),分流比是_____。 3. 开启GC,仪器自动升温和点火
			1. 待仪器参数达到设定值,基线平稳后,可开始进样。 2. 待基线走稳,GC就绪后,点击【单次分析开始】,输入样品信息。 3. 进标准样品,待标准系列色谱出峰结束后,绘制标准曲线,选择定量方法中的外标法,其他与之前所学一致。 4. 点击【单次分析开始】,输入未知样品名称,进样分析。 5. 待色谱峰出峰结束后,点击【数据处理】,点击【数据报告】,记录测定结果

续表

序号	操作流程	操作图示	操作步骤及注意事项
3	样品测量	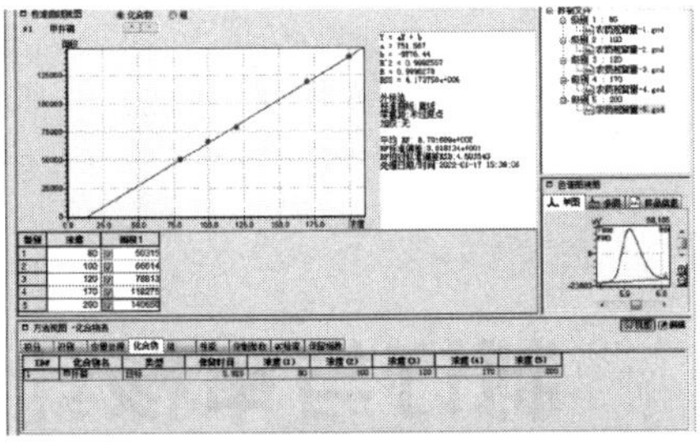	
4	结束工作	 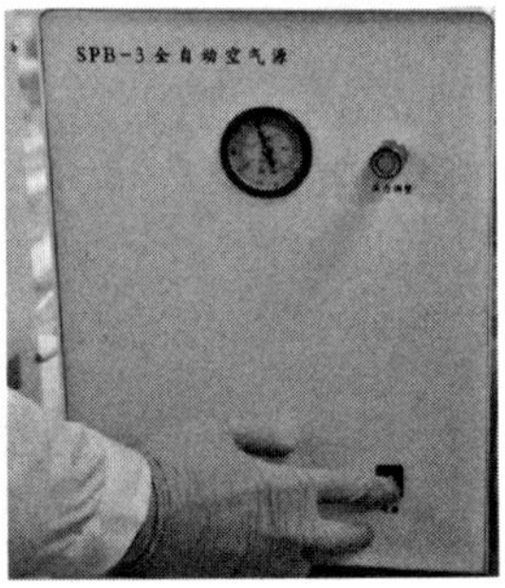	测定结束后,点击停止,关闭_____和_____,待柱温、检测器、进样口的温度降至____℃以下,关闭主机,关闭载气

☆ 注意

1. FPD 的氢气、空气流量与 FID 不同,FPD 使用的 H_2 的流量为 $75mL/min$,空气的流量是 $100mL/min$。FID 使用的 H_2 和空气的流量一般分别是 $40mL/min$、$400mL/min$ 或者 $30mL/min$、$300mL/min$。

2. 建议 FPD 的温度≥250℃。

3. 必须在温度升高后再点火，关闭时，应先熄火再降温。

4. 滤光片表面应清洁无污物，勿用手触摸其表面。更换滤光片的时候，光电倍增管的接收器应避光放置或进行遮光。

制订与审核计划

一、查找和阅读标准

查阅 NY/T 761—2008《蔬菜和水果中有机磷、有机氯、拟除虫菊酯和氨基甲酸酯类农药多残留的测定》，结合现有的实验条件，回答以下问题。

1. 蔬菜中有机磷农药测定采用什么方法？甲胺磷、甲拌磷、敌敌畏三种农药在蔬菜中允许的最大残留量是多少？

2. 蔬菜中农药残留量的检测用哪种方法进行预处理？

3. 试简述蔬菜中有机磷农药残留量测定的方法原理。

二、制订实验计划

依据 NY/T 761—2008《蔬菜和水果中有机磷、有机氯、拟除虫菊酯和氨基甲酸酯类农药多残留的测定》，结合学校的实验条件，以小组为单位，讨论并制订蔬菜中有机磷农药残留量测定的实验计划。

1. 根据小组用量，填写试剂准备单

序号	试剂名称	等级或浓度	数量	配制方法

2. 检查本次任务用到的危险化学品，填写危险化学品清单

化学品名称	危险性说明	应急处置措施	领用要求及注意事项

3. 根据个人需要，填写仪器使用清单

序号	仪器名称	规格	数量	仪器维护情况

4. 列出主要分析步骤，合理分配时间，填写工作计划表

序号	主要步骤	所需时间	操作要点及注意事项

三、审核实验计划

（1）组内讨论，形成小组实验计划。

（2）各小组展示实验计划（海报法或照片法），并做简单介绍。

（3）小组之间互相点评，记录其他小组对本小组的评价意见。

（4）结合教师点评，修改完善本组实验计划。

评价小组	计划制订情况（优点和不足）	小组互评分	教师点评
平均分：			

注：1. 小组互评可从计划的完整性、合理性、条理性等方面进行评价。

2. 对其他小组的实验计划进行排名，按名次分别计 10 分、9 分、8 分、7 分、6 分。

📖 素质拓展阅读

诚信之花结硕果

食品安全事件频发带来的国产奶粉信誉危机，是我国奶制品行业发展的巨大绊脚石。要想重树消费者信心，整个奶制品产业链必须以实际行动证明自己的诚信。我国奶制品企业在奶源、工艺、配方、检测等各个环节都严格按照相关标准组织生产，以"用人品做产品"的诚信理念严控产品品质，将诚信经营作为最好的营销手段。

在食品检验中，诚实守信不仅是一种道德规范，更是保障消费者权益、维护行业声誉、促进企业成长的基石。只有坚守诚信原则，才能为消费者提供安全、健康的食品。

实施计划

一、组内分工，准备仪器和配制溶液

序号	任务内容	负责人
1	领取实验所需的化学试剂	
2	领取实验所需的容量瓶、吸量管等玻璃仪器	
3	制备和处理蔬菜样品	
4	检查气体管路的气密性	
5	检查仪器及相关设备的状态	
6	配制有机磷农药标准溶液	

二、仪器的使用维护

打开仪器前，检查：　□气密性良好　　　　　□管路漏气

　　　　　　　　　　　□气瓶气量充足　　　　□气瓶气量少

使用仪器前，检查：　□已打开载气　　　　　□未打开载气

　　　　　　　　　　　□已调节分压　　　　　□未调节分压

　　　　　　　　　　　□已打开空气、氢气　　□未打开空气、氢气

关闭仪器前，检查：　□已关闭空气、氢气　　□未关闭空气、氢气

　　　　　　　　　　　□降温后关机　　　　　□未降温关机

　　　　　　　　　　　□已关闭载气　　　　　□未关闭载气

三、样品测量，填写数据记录表

检验日期_____　实验开始时间_____　结束时间_____　室温_____℃

蔬菜中有机磷农药残留的测定记录表格（Ⅰ）

项目	检测项目：_____		检测项目：_____	
	1	2	1	2
样品编号				
样品名称				
称样量/g				

续表

项目	检测项目：＿＿＿＿＿＿		检测项目：＿＿＿＿＿＿	
	1	2	1	2
提取液的总体积/mL				
提取液的吸取体积/mL				
定容的体积/mL				
标准工作液浓度 ρ/(μg/mL)				
标准工作液峰面积 A_{s1}				
标准工作液平均峰面积 A_s				
稀释倍数 D				
样品的峰面积 A				
含量/(mg/kg)				
含量的平均值/(mg/kg)				
相对极差/％				

蔬菜中有机磷农药残留的测定记录表格（Ⅱ）

项目	检测项目：＿＿＿＿＿＿		检测项目：＿＿＿＿＿＿	
	1	2	1	2
样品编号				
样品名称				
称样量/g				
提取液的总体积/mL				
提取液的吸取体积/mL				
定容的体积/mL				
标准工作液浓度 ρ/(μg/mL)				
标准工作液峰面积 A_{s1}				
标准工作液平均峰面积 A_s				
稀释倍数 D				
样品的峰面积 A				
含量/(mg/kg)				
含量的平均值/(mg/kg)				
相对极差/％				

检验员＿＿＿＿＿＿＿＿　　　　　　　　　　　　　　复核员＿＿＿＿＿＿＿＿

四、数据处理过程及结果判定

1. 列出待测样品中有机磷含量的计算过程，按标准要求保留有效数字。

2. 根据 GB 2763—2021《食品安全国家标准　食品中农药最大残留限量》标准要求给出检测结论。

GB 2763—2021《食品
安全国家标准　食品中
农药最大残留限量》

检查与改进

一、分析实验完成情况

1. 操作是否符合规范要求

    （1）样品制备和预处理过程符合标准要求。　　　　□是　　　□否

    （2）样品称量准确，过程无洒落。　　　　　　　　□是　　　□否

    （3）标准溶液移取规范、准确。　　　　　　　　　□是　　　□否

    （4）标准溶液定容过程准确，符合标准要求。　　　□是　　　□否

    （5）打开气路之前检查管路的气密性。　　　　　　□是　　　□否

    （6）样液在上机分析前用滤膜过滤。　　　　　　　□是　　　□否

    （7）正确使用微量注射器进样。　　　　　　　　　□是　　　□否

    （8）正确使用仪器进行样品的测定。　　　　　　　□是　　　□否

    （9）正确识别色谱图，使用工作站完成比较法测定农药残留量。

                                                  □是　　　□否

（10）规范填写仪器使用记录。　　　　　　　　　　　　　□是　　　□否

2. 实验数据记录和处理是否规范正确

（1）实验数据记录　　　　　□无涂改　□规范修改（杠改）　□不规范涂改

（2）有效数字保留　　　　　□全正确　□有错误，_____处

（3）农药残留含量的计算　□全正确　□有错误，_____处

（4）其他计算　　　　　　　□全正确　□有错误，_____处

3. HSE 管理执行情况及工作效率

（1）按要求穿戴工作服和防护用品。　　　　　　　　　　□是　　　□否

（2）废液、废固按要求处理。　　　　　　　　　　　　　□是　　　□否

（3）无仪器损坏。　　　　　　　　　　　　　　　　　　□是　　　□否

（4）未发生安全事故（灼伤、烫伤、割伤等）。　　　　　□是　　　□否

（5）实验中仪器摆放整齐。　　　　　　　　　　　　　　□是　　　□否

（6）实验后，清洗仪器、整理桌面。　　　　　　　　　　□是　　　□否

（7）在规定时间内完成实验，用时_____min。　　　　　□是　　　□否

4. 教师点评测定结果是否符合允差要求

（1）测定结果的重复性　　　□小于附录 A 的要求　　　□大于附录 A 的要求

（2）测定结果的准确度（统计全班学生的测定结果，计算出参照值）

① 定性结果的准确度　　　□与标准的保留时间相差≤±0.05min

　　　　　　　　　　　　　□与标准的保留时间相差＞±0.05min

② 定量结果的准确度　　　□误差≤10%　　　　　　　□误差＞10%

二、列出存在的问题，改进后再次实验

1. 列出实验过程中存在的问题及改进措施。

2. 再次实验，并撰写检验报告。

根据实验完成情况分析，进一步规范自身操作，减少系统误差和偶然误差，提高分析结果的精密度和准确度，同时撰写电子版检测报告。

📚 **小知识**

检测机构
记录表格

1. 第三方检测机构农药残留测定的记录表格。

请扫描二维码了解。

2. 氯化钠在农药残留测定前处理中的作用：前处理过程中，在有机溶剂和水的混合溶液或乳浊液中，加入的氯化钠会溶解到水中，使水溶液的极性增强，加大和有机溶剂（一般是弱极性或非极性）之间的极性差别，极性差别越大，越有助于水相和有机相分离。氯化钠起到盐析的作用，尽可能让农药进入到有机相中，提高农药残留的产率。

3. 固液分离常用的方法有三种：①沉降分离法，固体因重力作用下沉，经过一段时间后达到固液分离。②过滤分离法，溶液和固体的混合物通过过滤器（如滤纸或玻璃砂芯）时，沉淀留在过滤器上，溶液通过过滤器流入另一容器中，从而达到分离。③离心分离法，借助于离心力，使相对密度不同的物质进行分离。由于离心机等设备可产生相当高的角速度，使离心力远大于重力，于是溶液中的悬浮物便易于沉淀析出，又由于相对密度不同的物质所受到的离心力不同，从而沉降速度不同，能使相对密度不同的物质实现分离。

4. 测定农药残留时经常会使用乙腈作为提取剂，但在前处理过程中用旋转蒸发、过柱洗脱、氮气吹干等手段将乙腈转化成正己烷或丙酮上机测定，而不用乙腈直接上机测定的原因：一是乙腈是有毒的；二是乙腈的膨胀系数大，气化时容易充满衬管造成不能全部进入柱引起检测误差；三是乙腈在检测器上会有较大的残留峰，影响检测结果分析。

活动
六

))

评价与反馈

一、个人任务完成情况综合评价

评价项目及标准		配分	自评	互评	师评
学习态度	1. 按时上、下课，无迟到、早退或旷课现象	20			
	2. 遵守课堂纪律，无睡觉、看课外书、玩手机、闲聊等现象				

续表

评价项目及标准		配分	自评	互评	师评
学习态度	3. 学习主动,能自觉完成老师布置的预习任务	20			
	4. 认真听讲,不走神或发呆				
	5. 积极参与小组讨论,发表自己的意见				
	6. 主动代表小组发言或展示操作				
	7. 发言时声音响亮、表达清楚,展示操作较规范				
	8. 听从组长分工,认真完成分派的任务				
	9. 按时、独立完成课后作业				
	10. 及时填写工作页,书写认真、不潦草				
	一个否定选项扣2分				
操作规范	1. 样品制备和预处理过程符合标准要求	20			
	2. 样品称量准确,过程无洒落				
	3. 标准溶液移取规范、准确				
	4. 标准溶液定容过程准确,符合标准要求				
	5. 打开气路之前检查管路的气密性				
	6. 样液在上机分析前用滤膜过滤				
	7. 正确使用微量注射器进样				
	8. 正确使用仪器进行样品的测定				
	9. 正确识别色谱图,使用工作站完成比较法测定农药残留量				
	10. 规范填写仪器使用记录				
	一个否定选项扣2分				
HSE及工作效率	1. 按要求穿戴工作服和防护用品	10			
	2. 实验过程中仪器摆放整齐				
	3. 实验过程中无仪器损坏和安全事故发生				
	4. 实验结束后废液、废固按要求处理				
	5. 在规定时间内完成实验				
	一个否定选项扣2分				
过程记录	及时记录原始数据 每错一项扣1分,最多扣4分	20			
	正确记录、修约与保留有效数字 每错一项扣1分,最多扣6分				
	正确计算有机磷农药残留量 每错一项扣5分,最多扣10分				

续表

评价项目及标准		配分	自评	互评	师评
过程记录	计算过程有伪造数据或篡改数据，数据作废，按 0 分计	20			
测定结果	精密度（Ⅰ）：甲胺磷质量浓度为 0.05mg/kg 时，重复性限为 0.0029mg/kg	10			
	甲胺磷质量浓度为 0.1mg/kg 时，重复性限为 0.0080mg/kg				
	甲胺磷质量浓度为 0.5mg/kg 时，重复性限为 0.0249mg/kg				
	精密度（Ⅱ）：甲拌磷质量浓度为 0.05mg/kg 时，重复性限为 0.0045mg/kg	10			
	甲拌磷质量浓度为 0.1mg/kg 时，重复性限为 0.0077mg/kg				
	甲拌磷质量浓度为 0.5mg/kg 时，重复性限为 0.0381mg/kg				
	准确度：测定结果与参考值的相对误差≤10%	10			
总分		100			

二、小组任务完成情况汇报

1. 实验完成质量：2 次都合格的人数＿＿＿＿，1 次合格的人数＿＿＿＿，2 次均未合格的人数＿＿＿＿。

2. 自评分数最低的同学说说自己存在的主要问题。

3. 互评分数最高的同学说说自己做得好的方面。

4. 小组长安排组员介绍本组存在的主要问题和做得好的方面。

拓展专业知识

想一想

1. 气相色谱常用的检测器有哪些？哪些属于选择型检测器？

2. 气相色谱仪常见的故障和处理方法有哪些？

3. 简述溶剂提取法的分类，并说明有机磷农药残留量测定时采用什么方法进行提取。

 相关知识

一、气相色谱仪常用的检测器

气相色谱仪的检测器是将色谱柱分离后的组分信息转变为电信号，然后对被分离物质的组成和含量进行鉴定和测量，是色谱仪的"眼睛"，是色谱仪的核心部件。按照原理的不同其可分为浓度敏感型检测器和质量敏感型检测器，常见的浓度敏感型检测器有热导检测器及电子捕获检测器；常见的质量敏感型检测器有火焰离子化检测器和火焰光度检测器等。常见的气相色谱仪检测器的特点和技术指标见表 6-1。

表 6-1　常见气相色谱仪检测器的特点和技术指标

检测器	类型	最高操作温度	主要用途
火焰离子化检测器(FID)	质量敏感型,通用型	450℃	用于各种有机化合物的分析,对碳氢化合物的灵敏度高
热导检测器(TCD)	浓度敏感型,通用型	400℃	适用于各种无机气体和有机物的分析,多用于永久气体的分析
电子捕获检测器(ECD)	浓度敏感型,选择型	400℃	适合分析含电负性元素化合物和有机化合物,多用于分析卤素化合物
火焰光度检测器(FPD)	质量敏感型,选择型	250℃	适合于含硫、含磷和含氮化合物的分析
氮磷检测器(NPD)	质量敏感型,选择型	400℃	适合于含磷和含氮化合物的分析

1. 热导检测器

原理：气流中样品浓度发生变化，则从热敏元件上所带走的热量也就不同，从而改变热敏元件的电阻值。由于热敏元件组成惠斯通电桥之臂，只要桥路中任何一臂电阻发生变化，则整个线路就立即有信号输出。

特点：此检测器几乎对所有可挥发的有机和无机物质均能响应。但灵敏度较低，被测样品的浓度不得低于万分之一，属非破坏性检测器。

2. 火焰离子化检测器

原理：在氢氧焰的高温作用下，许多分子均将分裂为碎片，并有自由基和激态分子产生，从而在氢火焰中形成这些高能粒子所组成的高能区，当有机分子进入此高能区时，就会被电离，从而在外电路中输出离子电流信号。

特点：体积小，灵敏度高，死体积小，应答快，但对部分物质如 H_2、O_2、N_2、CO、CO_2、NO、NO_2、CS_2、H_2O 等无响应，属破坏性检测器。

3. 火焰光度检测器

原理：燃烧着的氢火焰中，当有样品进入时，则氢火焰的谱线和发光强度均发生变化，然后由光电倍增管将光度变化转变为电信号。

特点：对磷、硫化合物有很高的选择性，适当选择光电倍增管前的滤光片将有助于提高选择性，排除干扰。

4. 氮磷检测器

原理：在 FID 中加入一个用碱金属盐制成的玻璃珠，当样品分子含有在燃烧时能与碱盐起反应的元素时，则将使碱盐的挥发度增大，这些碱盐蒸气在火焰中将被激发电离，而产生新的离子流，从而输出信号。

特点：这是一种有选择性的检测器，对含有能增加碱盐挥发性的化合物特别敏感。对含氮、磷有机物有很高的灵敏度，属破坏性检测器。

5. 电子捕获检测器

原理：载气分子在 ^{63}Ni 辐射源中所产生的 β 粒子的作用下离子化，在电场中形成稳定的基流，当含电负性基团的组分通过时，俘获电子使基流减小而产生电信号。

特点：对电负性物质（例如：卤化物、有机汞、有机氯及过氧化物、金属有机物、硝基、甾类化合物等）有很高的灵敏度，属非破坏性检测器。

二、气相色谱分离操作条件的选择

1. 载气及其流速的选择

（1）载气种类的选择　载气种类的选择首先要考虑使用的检测器，如使用 TCD，一般使用分子量小的 H_2、He 作载气，最好的载气是 H_2，而不使用 N_2 或 Ar 作载气（因其灵敏度低，线性范围窄）。使用 FID 时可使用 H_2、He、N_2、Ar 作载气，使用 N_2、Ar 作载气时灵敏度高、线性范围宽，由于 N_2 价格较 Ar 低，通常使用 N_2 为载气。使用 FPD 时，最好使用 H_2 作载气，其次是 He，最好不用 N_2。这是因为 H_2 作载气在相当大范围内，响应值随流速增加而增大，用 N_2 作载气时，FPD 对硫的响应值随流速增加而减小。载气种类的选择还需考虑安全风险，如应用氢气作为载气时，氢气在空气中的浓度为 4%～70% 时，比较容易发生爆炸事故，同时选择载气种类还需考虑是否有利于提高柱效和分析速度等。

（2）载气流速的选择　载气流速处于最佳状态下，可获得最高的柱效。使用最佳载气流速虽然柱效高，但分析速度慢，因此，进行分析时，为加快分析速度，同时又不明显影响柱效的情况下，通常使用比最佳载气流速稍大的流速进行测定。

2. 色谱柱的选择

主要是选择固定相和柱长。固定相选择需注意极性及最高使用温度。气-液色谱法还要注意载体的选择。高沸点样品用比表面积小的载体、低固定液配比（1%～3%），以防保留时间过长，峰扩张严重。低沸点样品宜用高固定液配比（5%～25%），从而增大分配系数，以达到良好分离。难分离样品可用毛细管柱。柱长加长能增加塔板数，使分离度提高。但柱长过长，峰变宽，柱阻也增加，并不利于分离。

3. 柱温的选择

柱温是气相色谱法的重要操作条件。柱温直接影响色谱柱的使用寿命、柱的选择性、柱效及分析速度。柱温低有利于分配，有利于组分分离，但柱温过低，被测组分可能被滞留在色谱柱中，或者传质阻力增加，使色谱峰扩张，甚至拖尾；柱温过高，虽有利于传质，但分配系数变小不利于分离。选择适合的柱温，可以使难分离的两组分达到预期的分离效果，以峰形正常而分析时间较短为宜。分离高沸点样品（300～400℃），柱温可比沸点低 100～150℃。分离沸点＜300℃的样品，柱温可以选择比平均沸点低 50℃ 至平均沸点或高于平均沸点 10℃。

对于沸点范围较宽的试样，用恒定的温度往往造成低沸点组分分离不好，高沸点组分峰型扁平，此时应采用程序升温，按预定的升温速率随时间线性或非线性增加温度。程序升温改善了复杂成分样品的分离效果，使各成分都能在较佳的温度下分离。程序升温还能缩短分析周期，改善峰形，提高检测灵敏度。

在选择柱温时还需注意：柱温应控制在固定液的最高使用温度，超过该温度固定液易流失。

4. 气化温度的选择

合适的气化温度应以能保证试样迅速气化而不产生分解为准，通常气化温度比柱温高 30～70℃ 或比试样中各组分中最高沸点高 30～50℃。

5. 进样量及进样操作

（1）进样量的选择　进行气相色谱分析时，进样量要适当。进样量过大，所得到的色谱峰形不对称程度增加，峰形变宽，分离度变小，保留值发生变化，峰高、峰面积和进样量不呈线性关系，无法定量；进样量过小，会因检测器灵敏度不够，不能检出。

　　进样量要根据样品浓度、色谱柱容量和检测器灵敏度来确定。样品浓度不超过 1mg/mL 时填充柱的进样量通常为 $1\sim5\mu L$，而对于毛细管柱，若分流比为 50：1 时进样量一般不超过 $2\mu L$，使用 FID 时进样量应小于 $1\mu L$。毛细管柱有较小的样品容量，进样量必须非常少，通常远少于 $1\mu L$，以防止色谱柱超载。如此小的样品量操作起来是很困难的，分流模式提供了一种方法来解决此问题，即采用通常的进样量气化，然后只把其中一部分引入到色谱柱内进行分析，其余大部分经分流出口放空。

　　（2）进样操作　进样时要求速度快，这样可以使样品在气化室气化后随载气以浓缩状态进入色谱柱内，而不被载气稀释，因而峰的原始宽度就窄，利于分离；如果进样缓慢，样品气化后被稀释，峰形变宽，不对称，不利于分离和定量。进样要求稳当、连贯、迅速，针尖停留速度和拔出速度都会影响进样的重复性，一般要求进样相对误差为 2%～5%。注射器的操作需要做到以下几点：

　　① 将样品充入注射器，调节进样量；
　　② 将注射器的针尖以尽可能快的速度穿过进样隔垫；
　　③ 快速压下注射器推杆；
　　④ 立即把针从进样口拔出。

三、气相色谱仪常见故障及维护方法

1. 玻璃衬管

　　玻璃衬管位于进样系统的气化室内，连接进样口和毛细管色谱柱，具有防止局部过热、均匀温度的作用。其内填装长度为 0.5～1.0cm 的硅烷化玻璃棉，有助于增大玻璃衬管表面积，并阻隔杂质和进样垫碎屑进入色谱柱，防止污染和堵塞色谱柱。

　　玻璃衬管为气相色谱分析仪的主要耗材之一，根据所测样品不同，玻璃衬管的使用寿命不尽相同，一般进样 50～100 次后，玻璃衬管即被污染，通常内壁呈黑色，严重时形成焦油状物质，导致峰形不规则，如平头峰、拖尾峰、鬼峰、分裂峰等，严重时还会造成只出溶剂峰或不出峰。玻璃衬管的污染或破损影响分析结果的准确度和仪器的精密度，使正常分析工作无法进行，因而要及时清洗及脱活玻璃衬管。清洗方法：先将衬管放入重铬酸钾溶液浸泡 24h 以上，以除去附着物，切勿使用利器推刮，避免造成活化点暴露，然后依次用纯水、甲醇、丙酮超声清洗两次，放入烘箱120℃烘干，冷却，后用二甲基二氯硅烷脱活，温度为200℃充分干燥，特别注意如果将干燥不充分的衬管装入色谱仪，会造成基流过大，同时污染进样器的内部。

2. 进样隔垫

进样隔垫是在进样口和气化室之间的一个部件，因进样量大或者进样技术等问题导致隔垫脏，或者隔垫漏气，都会导致测定结果偏离，进样100～200次后要及时更换。

3. 毛细管色谱柱

毛细管色谱柱作为气相色谱仪的主要核心部件，其优劣直接决定分析结果的参考价值。

色谱柱常见问题分为色谱柱污染、堵塞、固定相流失三个方面。

（1）色谱柱污染　原因一般为高沸点杂质的吸附，会影响分析组分与固定相的正常吸附，导致基线噪声变大，产生前沿峰、拖尾峰、杂乱峰和未知峰等，解决色谱柱污染的常用方法就是老化色谱柱。老化色谱柱的方法是：将色谱柱出气口直接通入大气，不要接检测器，以免挥发物污染检测器。开启载气，设置老化温度为测试用柱温以上30℃，老化2～72h不等，将色谱柱出口端接到检测器上，开启色谱工作站，继续老化，至基线平稳，无干扰峰时，说明老化工作完成。

（2）色谱柱堵塞　细小杂质颗粒进入色谱柱引起柱子堵塞，造成基线电流增大及前沿峰、分叉峰、肩峰等不正常峰形，甚至不出峰，一般采取剪去色谱柱头部几厘米的方式解决，需要注意的是一定要用专业的切割工具（如毛细管切割器或金刚石玻璃刀），切口要与柱子内壁呈90°，并且保证柱子切口干净光滑，否则柱切口处产生的湍流涡旋将会对峰的形状造成不利影响。色谱柱安装时伸入进样器和检测器的长度也有要求，通常插入进样器和检测器的深度分别为2.5cm和8.5cm。

（3）固定相流失　会导致柱效降低，出现基线漂移、基线电流增大及峰形不规则等问题，柱效降低的严重程度可通过降低柱温至室温，观察基线是否可调零来判断，若可调零则可尝试剪掉色谱柱头部一定距离来解决，若不可调零则表示固定相流失严重，需更换新的色谱柱。

四、溶剂提取法的分类

利用样品中各组分在特定溶剂中溶解度的差异，将其组分完全或部分分离的方法称为溶剂提取法。溶剂提取法主要是将待测组分与干扰组分进行分离，减少干扰物对结果产生的影响。

　　该方法常用的无机溶剂有水、稀酸、稀碱；有机溶剂有乙醇、乙醚、氯仿、丙酮、正己烷、石油醚等。主要用于维生素、农药和黄曲霉素的测定。溶剂提取法很多，常用的有浸提法、溶剂萃取法、固相萃取法。

1. 浸提法（又称液-固萃取法）

　　用适当的溶剂将固体样品中的某一待测组分浸提出来的方法称为浸提法。

　　（1）提取剂的选择　对极性较弱的成分用极性小的溶剂提取；极性强的成分用极性大的溶剂提取；提取剂的沸点应在 $45 \sim 80℃$，沸点太低易挥发，太高不易浓缩；所用的提取剂既能大量溶解被提取的物质，又不破坏被提取物的性质，提取剂应无毒或毒性很小。

　　（2）提取的方法　提取方法有三种，分别是振荡浸渍法、捣碎法和索氏提取法。振荡浸渍法将样品切碎后用适合的溶剂浸渍和振荡，即可将待测组分从样品中提取出来，此法简单，但回收率低；捣碎法是将切碎的样品和溶剂一起放入均质器中充分提取，此法回收率高，但干扰杂质溶出较多；索氏提取法将样品放入索氏提取器中，加热回流提取被测组分，该方法试剂用量少，提取完全，回收率高，但是操作烦琐，需用专用设备。

2. 溶剂萃取法（又称液-液萃取法、溶剂分层法）

　　该法利用待测组分在两种互不相溶的溶剂中的分配系数不同，使待测组分从一种溶剂转移到另一种溶剂中，从而实现分离。该法适合于液体样品。

　　萃取剂与原溶剂互不相溶，对被测组分有最大溶解度，对杂质有最小溶解度。萃取剂应与原溶剂分层且不产生泡沫或乳化现象。

3. 固相萃取法

　　样品经过上述两种方法提取后，如果存在较多的杂质或浓度较低，可使用固相萃取法对样品进行净化和富集。固相萃取法采用固相萃取装置，一般包括四个步骤：①固相萃取柱的清洗；②固相萃取柱的活化；③样品的吸附萃取；④萃取柱的洗脱。

　　固相萃取装置示意图见图6-3。

　　注意事项：

　　① 乙腈有一定毒性，与水和醇无限互溶，性质稳定，不易氧化或还原，因此主要的用途是作溶剂和提取剂，在农药残留检测中常用作提取剂。但是乙腈属于中等毒性化合物，急性中毒发病较氢氰酸慢，可有数小时潜伏期。主要症状为无力、面色灰白、恶心、呕吐、腹痛、腹泻、胸闷、胸痛；严重者呼吸及循环系统紊乱，呼吸浅、慢而不规则，血压下降，脉搏细而慢，体温下降，阵发性抽搐，昏迷；可伴有尿频、蛋白尿等。因此，应在通风橱或移动排气扇处使用，做好自身的安全防护。

(a) 固相萃取装置

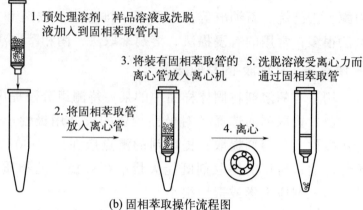

1. 预处理溶剂、样品溶液或洗脱液加入到固相萃取管内

2. 将固相萃取管放入离心管

3. 将装有固相萃取管的离心管放入离心机

4. 离心

5. 洗脱溶液受离心力而通过固相萃取管

(b) 固相萃取操作流程图

图 6-3　固相萃取装置示意图

② 丙酮是一种有特殊辛辣气味的无色透明液体，有毒性。急性中毒主要表现为对中枢神经系统的麻醉作用，出现乏力、恶心、头痛、头晕、易激动。重者发生呕吐、气急、痉挛，甚至昏迷。对眼、鼻、喉有刺激性。口服后，先是口唇、咽喉有烧灼感，后出现口干、呕吐、昏迷、酸中毒和酮症。慢性影响：长期接触该品可出现眩晕、灼烧感、咽炎、支气管炎、乏力且易激动。皮肤长期反复接触可致皮炎。其属于燃爆危险品，极度易燃，具刺激性。因此在使用过程中需做好安全防护工作，同时在使用时远离火源，避免发生火灾事故。

 ——————— 练习题

一、填空题

1. 样品加入乙腈均质提取后的现象是_____，加入氯化钠的离心管剧烈振荡后离心出现_____的现象。取 10mL _____放入梨形瓶中，____℃水浴旋转蒸干，加入_____溶解残渣，最后用_____过滤膜过滤后装入进样瓶中。

2. FPD 属于_____检测器，测定含磷化合物采用____滤光片，颜色是_____；测定含硫化合物采用____滤光片，颜色是_____。

3. 使用带 FPD 的气相色谱仪测定有机磷农药残留量时，H_2 的流量是_____ mL/min；空气的流量是_____ mL/min。

二、单项选择题

1. 在气相色谱中，色谱柱的使用上限温度取决于（　　）。

A. 样品中沸点最高组分的沸点　　　　B. 样品中各组分沸点的平均值

C. 固定液的沸点　　　　　　　　　　D. 固定液的最高使用温度

2. 火焰光度检测器是一种高灵敏度，仅对（　　　）产生检测信号的高选择检测器。

A. 含硫、磷的有机物　　　　　　　　　B. 含硫的有机物

C. 含磷的有机物　　　　　　　　　　　D. 有机物

3. 下列气相色谱检测器中属于浓度敏感型检测器的是（　　　）。

A. FID　　　　　　　B. ECD　　　　　　　C. FPD　　　　　　　D. NPD

4. FID 点火前需要加热至 100℃ 的原因是（　　　）。

A. 易于点火　　　　　　　　　　　　　B. 点火后不容易熄灭

C. 防止水分凝结产生噪声　　　　　　　D. 容易产生信号

5. 使用火焰离子化检测器时，最适宜的载气是（　　　）。

A. H_2　　　　　　　B. He　　　　　　　C. Ar　　　　　　　D. N_2

6. 用气相色谱法测定 O_2、N_2、CO 和 CH_4 等气体的混合物时常采用的检测器是（　　　）。

A. 热导检测器　　　　　　　　　　　　B. 火焰离子化检测器

C. 电子捕获检测器　　　　　　　　　　D. 火焰光度检测器

7. 分析宽沸程多组分混合物，可采用（　　　）。

A. 气-液色谱　　　　　　　　　　　　B. 程序升温气相色谱

C. 气-固色谱　　　　　　　　　　　　D. 裂解气相色谱

8. 在下列气相色谱的检测器中，属于浓度敏感型，且对所有物质都有响应的是（　　　）。

A. 热导检测器　　　　　　　　　　　　B. 电子俘获检测器

C. 火焰离子化检测器　　　　　　　　　D. 火焰光度检测器

9. 在分析苯、甲苯、乙苯的混合物时，气化室的温度宜选为（　　　）。

已知苯、甲苯、乙苯的沸点分别为 80.1℃、110.6℃ 和 136.1℃。

A. 80℃　　　　　　　B. 120℃　　　　　　C. 160℃　　　　　　D. 200℃

三、判断题

1. FPD 的氢气和空气的流量与 FID 一样。　　　　　　　　　　　　　　　（　　　）

2. FID 是典型的非破坏型质量型检测器。　　　　　　　　　　　　　　　（　　　）

3. 为提高柱效应使用分子量小的载气（常用氢气）。　　　　　　　　　　（　　　）

4. 气相色谱仪操作结束时，一般要将柱箱、检测器的温度降至室温才可关机。（　　　）

5. 在使用 TCD 时，氢气作为燃气使用。　　　　　　　　　　　　　　　（　　　）

6. 有机磷农药残留的检测采用的是 ECD。　　　　　　　　　　　　　　　（　　　）

7. 火焰离子化检测器是一种通用型检测器，既能分析有机物，又能分析无机化合物。

（　　　）

8. 气相色谱中气化室的温度要求比样品组分最高沸点高出 50~100℃，比柱温高 100℃ 以上。（　　　）

9. 控制载气流速是调节分离度的重要手段，降低载气流速，柱效增加，当载气流速降到最小时柱效最高，但分析时间较长。（　　　）

10. 在气相色谱分析中，柱温的选择应兼顾色谱柱的选择性及柱效率，一般选择柱温等于试样中各组分沸点的平均值或高于平均沸点 10℃ 为宜。（　　　）

四、计算题

称取 25g 已切碎的蔬菜，加入 50mL 乙腈，高速均质 2min 后，吸取 10mL 提取液至梨形瓶 45℃下旋转蒸发近干，加入 5mL 丙酮分三次溶解残渣后转移至离心管中，定容至 5mL，涡旋振荡后，用 0.2μm 滤膜过滤后待测。分别移取 1μL 系列标准溶液和样液进行分析，得知样液中甲胺磷的浓度是 0.2μg/mL，甲拌磷浓度是 0.3μg/mL，请求出蔬菜中甲胺磷、甲拌磷含量。

 ———————— 阅读材料

除去果蔬农残小妙招

水果蔬菜上残留农药有两种形式，一是附着在蔬菜、水果表面；另一种是在植物生长过程中，农药直接进入蔬菜、水果的根茎叶中。可以按照以下几种小妙招去除蔬菜水果的农药残留。

1. 浸泡水洗法

污染蔬菜的农药主要为有机磷类杀虫剂，难溶于水。水洗是清除蔬菜水果上残留农药基础方法，主要用于叶类蔬菜，如菠菜、韭菜、生菜、小白菜等。一般先用水冲洗掉表面污物，然后用清水浸泡。但浸泡时间不宜超过 10min，以免表面残留农药渗入蔬菜内。果蔬清洗剂可增加农药溶出，所以，浸泡时可加入少量果蔬清洗剂。浸泡后要用流水冲洗 2～3 遍。

2. 碱水浸泡法

有机磷杀虫剂在碱性环境下分解迅速，碱水浸泡法是有效去除农药残留的措施，可用于各类蔬菜瓜果。方法：先将表面污物冲洗干净，浸泡到碱水中（一般 500mL 水中加入碱面 5～10g）5～15min，然后用清水冲洗 3～5 遍。

3. 去皮法

蔬菜瓜果表面农药量相对较多，削皮是一种较好的去除残留农药的方法，可用于苹果、梨、猕猴桃、黄瓜、胡萝卜、冬瓜、南瓜、西葫芦、茄子、萝卜等。注意：勿将去皮蔬菜瓜果混放，以免形成再次污染。

4. 臭氧洗脱法

用市售的臭氧或臭氧水发生器清洗和浸泡各类瓜果蔬菜，简单易行，安全可靠，清洗和浸泡时间为 10～20min，一般可清除大部分农药残留。但有专家指出，目前市售果蔬解毒机大部分是用一个活氧发生器配一根外接管子，如果技术不过关或者工作功率太小，可能导致产气量和臭氧浓度过低，与水混合后起不到杀菌作用。此外，如果机器密封性能不好，还可能导致臭氧外泄，影响人体健康。臭氧的副作用主要在于它的强氧化能力。臭氧浓度高于 1.5mg/L 时，人员必须离开现场，否则会造成呼吸系统的应激性反应，严重时会产生可逆性伤害。

5. 生物消解酶去除法

去除蔬果残留农药时，加入一个独立包装的生物消解酶于清水中，浸泡蔬果 8～15min 即可。视其情况可加大用量和延长作用时间。浸泡后要用流水冲洗 2 遍。

6. 储存法

农药可随存放时间延长而缓慢分解为对人体无害的物质。对易于保存的瓜果蔬菜，可通过存放减少农药残留量。此法适于苹果、猕猴桃、冬瓜等不易腐烂的种类。一般存放 15 天以上。

果汁饮料中苯甲酸含量的测定

食品工业的发展使得食品添加剂在改善食品质量、提高食品营养价值、防止食品腐败变质、满足人们对食品品种日益增多的需求等方面起到了积极的作用。为了保持果汁饮料原有的品质和营养价值，通常加入苯甲酸及其盐类、山梨酸及其盐类作为防腐剂，抑制微生物的生长繁殖，防止食品腐败变质，延长保质期。为了满足不同消费者对甜度的需求，常用糖精钠作为甜度调节剂改善口感。

合理使用食品添加剂，可以防止食品腐败变质，改善食品感官性状，满足人们对食品品种日益增多的需求。但是滥用食品添加剂或使用不合格的添加剂，会出现一些卫生问题，甚至造成食品的污染。由于添加剂本身有一定的毒性，过量使用可对人体健康造成重大威胁，因此要严格按照 GB 2760—2014《食品安全国家标准　食品添加剂使用标准》的规定限量使用添加剂。在果汁饮料中苯甲酸及其盐类的最大使用量是1.0g/kg，山梨酸及其盐类最大的使用量是 0.5g/kg，糖精钠的最大使用量是 0.15g/kg。因此，检验食品添加剂对维护消费者权益，保障人们身体健康具有重要的意义。

任务描述

为确保食品安全，食品监管部门抽查一批饮料，委托食品检测中心测定饮料中的苯甲酸含量。食品检测中心业务室审核确认实验室有该资质及能力分析此项目后，将委托单流转至检测室，由检测室主任审核批准同意分析该样品。业务室将样品交给样品管理员，样品管理员根据项目安排派发检测任务。色谱分析组根据检测任务分配单各自领取实验任务，按照样品检测分析标准进行分析。实验结束后两个工作日内，检测员统计分析数据，交给检测室主任审核，数据没问题则流转到报告编制员手中编制报告，报告编制完成后流转到报告一审、二审人员，最后流转到报告签发人手中审核签发。

作为检测员的你，接到检测任务后，请按照相关标准要求，制定检测方案，在 3 个工作日内完成果汁饮料中苯甲酸的分析，并出具检测报告。要求苯甲酸测量结果的重复性符合 GB 5009.28—2016《食品安全国家标准　食品中苯甲酸、山梨酸、糖精钠的测定》标准要求，相同实验条件下获得的两次独立测定结果的绝对差值不得超过算术平均值的 10%。要求工作过程符合 HSE 规范。

 任务目标

完成本学习任务后，应当能够：

① 叙述食品添加剂测定的意义。

② 陈述苯甲酸检测的步骤。

③ 陈述液相色谱仪测定苯甲酸的工作原理。

④ 按照操作规程规范使用液相色谱仪。

⑤ 依据 GB 5009.28—2016《食品安全国家标准　食品中苯甲酸、山梨酸、糖精钠的测定》和学校实验条件，以小组为单位制订实验计划，在教师引导下进行可行性论证。

⑥ 服从组长分工，独立做好分析仪器的准备工作和实验用溶液的配制工作，培养团队协作精神和自学能力。

⑦ 按标准要求，独立完成食品中苯甲酸含量测定，正确填写原始记录，进行数据处理后出具检测报告，并判断检测项目是否超标。

⑧ 评价实验情况，工作过程符合 HSE 规范要求，做好实验前、中、后的物品管理和操作安全等工作。

⑨ 通过对食品防腐剂的学习，认识到规定使用量范围的防腐剂可以起到防腐保鲜的作用。领悟到社会实践过程中，事物的积累存在着量的限值，超过限值会发生质变，也可造成物极必反的效应，从而树立安全生产的责任意识。

⑩ 通过学习，深刻理解食品添加剂安全使用的重要性，深植食品安全重于泰山的安全观，树立社会责任感和使命感，提升爱国主义情怀。

 建议学时

30 学时

明确任务

识读任务委托检测协议书

委托检测协议书

协议书编号：＿＿＿＿＿＿
收样人员：＿＿＿＿＿＿
收样日期：＿＿＿＿＿＿

客户信息

申请方	：＿＿＿＿＿＿＿＿＿＿＿＿	联系人	：＿＿＿＿＿＿＿＿＿＿＿
地址	：＿＿＿＿＿＿＿＿＿＿＿＿	电话	：＿＿＿＿＿＿＿＿＿＿＿
电子邮箱	：＿＿＿＿＿＿ 邮编：＿＿＿＿	传真	：＿＿＿＿＿＿＿＿＿＿＿

付款单位/
发票抬头 ：＿＿＿＿＿＿＿＿＿＿＿＿　　联系人 ：＿＿＿＿＿＿＿＿＿＿＿

地址 ：＿＿＿＿＿＿＿＿＿＿＿＿　　电话 ：＿＿＿＿＿＿＿＿＿＿＿

电子邮箱 ：＿＿＿＿＿＿ 邮编：＿＿＿＿　　传真 ：＿＿＿＿＿＿＿＿＿＿＿

样品与检测信息

样品名称 ： 橙汁饮料　　样品数量： 2　　存储条件：☑常温　□冷藏　□冷冻　□其他

样品颜色 ： 黄色　　样品状态： 正常　　样品包装： 瓶装,500mL,密封完好

检测样品	检测项目	检测依据	检测项目	检测依据	检测项目	检测依据
橙汁饮料Ⅰ	苯甲酸					
橙汁饮料Ⅱ	苯甲酸					
需分包的项目为：						

注：如客户未指定或未填写检测方法，则视为同意本公司所选用的方法

分包确认：是否接受××检测公司将样品分包？　□是　　□否(若客户未填写,则视为同意分包)

检测类别：☑委托检测　　　　□仲裁检测　　　　□监督检测　　　□其他

报告方式：☑一张申请单对应一份报告　□同类样品对应一份报告　□其他＿＿＿＿＿

☑标准服务　　　　□加急服务　　　　□特急服务　　　□其他(协

检测周期：□7个工作日　　　□5个工作日　　　□3个工作日　　　议周期＿＿＿
不加收费用　　　　加收40%费用　　　加收100%费用　　个工作日)

续表

判定要求	：□只出结果,不作判定	☑按标准指标判定　　□按明示指标＿＿＿判定
报告盖章	：☑盖 CMA 章	□仅盖检验检测专用章（注：未获得 CMA 资质的项目依照要求仅用于内部质量控制、科研等,检测结果不用于社会证明。）
报告和发票发放	：□自领	☑普通快递（报告寄往　□申请方　□付款方　□其他　发票寄往　□申请方　□付款方　□其他）
剩样处理	：□退还客户	☑公司自行处理　　□其他
总费用	：	
备注	：	

温馨提示：请您再次确认相关内容的完整性和准确性,清楚了解并同意××检测公司提供的服务与收费情况,报告签发后,如需修改报告,将向您收取报告修改费用××元/份。委托检测仅对来样负责。本单一式二联,第一联存根,第二联由申请方保存,请客户凭本单的第二联或有效证件/文件领取检测报告。

申请方签章：＿＿＿＿＿＿＿＿＿＿＿＿＿＿＿　日期：＿＿＿＿＿＿＿＿＿＿＿＿＿＿

公司代表人签名：＿＿＿＿＿＿＿＿＿＿＿＿　日期：＿＿＿＿＿＿＿＿＿＿＿＿＿＿

1. 请用记号笔标出委托检测协议书中的关键词，把关键词写在下面的横线上。

＿＿

＿＿

＿＿

2. 请根据协议书的内容简述该任务的要求，并根据测定项目找出检测依据填至表格中。

＿＿

＿＿

＿＿

📚 小知识

1. 食品防腐剂的种类很多，主要分为合成防腐剂和天然防腐剂；常用的合成防腐剂以山梨酸及其盐、苯甲酸及其盐和尼泊金酯类等为代表。按照组成和来源，防腐剂可分为无机防腐剂、有机防腐剂、生物防腐剂及其他种类。无机防腐剂主要有亚硫酸及其盐类、亚硝酸盐类、各种来源的二氧化碳等，在腌制酸菜、腌制肉制品中广泛使用；有机防腐剂主要有苯甲酸及其盐类、山梨酸及其盐类，苯甲酸及其盐类、山梨酸及其盐类仅当盐类转变成为相应的酸后才起抗菌作用，在酸性条件下才有效果，也称为酸型防腐剂。由于苯甲酸、山梨酸易挥发，因此在检测过程中应及时检测，防止因挥发造成结果偏低。

2. 对于均匀液体饮料，可将样品直接混合后取样分析，若为非均匀的液态饮料，应先用组织匀浆机匀浆处理后取样分析。取样后剩余的液体试样应于 4℃ 保存。

素质拓展阅读

量变引起质变，合理使用添加剂

2011 年 3 月 1 日，卫生部门发布公告，过氧化苯甲酰、过氧化钙不在食品添加剂目录。自 2011 年 5 月起，禁止在面粉中添加这两种物质。

过氧化苯甲酰过去被称为"面粉增白剂"，用以提高面粉白度，破坏的是面粉的营养成分，并且稍过量就可能被氧化为苯甲酸，苯甲酸是防腐剂，超量食用可诱发癌症，长期食用会给人体健康造成不利影响。食品添加剂超量、超范围使用会给食品带来安全隐患，苏丹红、三聚氰胺、塑化剂等不属于食品添加剂，不能用于食品生产。量变到质变的核心是积累，因此应重视"积累"产生的作用，合理使用添加剂，不超量使用，不超范围使用违法添加物，才能确保食品的安全。

活动 二 **获取信息**

一、苯甲酸的作用和危害

看一看

苯甲酸（benzoic acid）是芳香酸类有机化合物，也是最简单的芳香酸，分

子式为 $C_7H_6O_2$。其最初由安息香胶制得，故又称安息香酸。苯甲酸以游离酸、酯或其衍生物的形式广泛存在于自然界中。主要用于制备苯甲酸钠防腐剂，并用于合成药物、染料；还用于制增塑剂、媒染剂、杀菌剂和香料等。苯甲酸添加在食品中，具有抑制细菌生长和繁殖的作用，广泛应用于食品中作为防腐剂。

　　饮料中的苯甲酸及其钠盐是国家允许添的食品添加剂，但有限量要求。过量食用可诱发癌症，长期食用可诱发哮喘、荨麻疹及血管性水肿等变态反应，会给人体健康造成不利影响。

✎ 写一写

　　为什么要测定食品中的苯甲酸含量？在饮料中苯甲酸含量的限量标准是多少？

二、苯甲酸含量测定的方法

 看一看

　　苯甲酸含量测定的方法有很多种，有酸碱滴定法、紫外-可见分光光度法、气相色谱法、液相色谱法等。

　　酸碱滴定法主要用于苯甲酸产品纯度分析，属于常量分析，适用于测定纯度≥99.5%的苯甲酸产品。

　　紫外-可见分光光度法适合微量分析或痕量分析，适用所有可见光和紫外光有吸收的物质，测定速度快，但专属性不强，不够准确。

　　液相色谱法适合微量分析或痕量分析，所有食品中的苯甲酸及其钠盐均可用液相色谱法进行测定，样品进入检测器前被色谱柱分离为单个物质，选择性强，结果准确性高，检测速度快，检出限为 0.005g/kg，定量限为 0.01g/kg，检测灵敏度高，精密度好。

　　气相色谱法适合微量和痕量分析，酱油、水果汁、果酱中苯甲酸含量可采用气相色谱法进行测定，检测灵敏度高，精密度好，但检测过程用到乙醚等有毒试剂。

写一写

根据实验室的现有条件，选择测定饮料中苯甲酸含量的方法，请说出选择该方法的理由。

三、液相色谱法的测定原理和仪器构造

看一看

（一）高效液相色谱法的测定原理

高效液相色谱法（HPLC）是重要的色谱方法，是在经典液相色谱法和气相色谱的基础上发展起来的。它使用了多孔微粒固定相，装填在小口径短的不锈钢柱内，流动相通过高压输液泵进入高压的色谱柱，带动待测液在色谱柱中进行分离，在柱上进行分离后进入检测器，检测信号由数据处理设备采集与处理，并记录色谱图，废液流入废液瓶。可分析低分子量、低沸点的有机化合物，适用于分析中、高分子量，高沸点，以及热稳定性差的有机化合物。

高效液相色谱法按分离机制的不同分为液-固吸附色谱法、液-液分配色谱法（正相与反相）、离子交换色谱法等。

1. 液-固吸附色谱法

① 吸附剂：固体。

② 分离原理：根据固定相对组分吸附力大小不同而分离。分离过程是一个吸附-解吸附的平衡过程。

③ 适用于分离中等分子量的非极性或非离子型油溶性试样，常用于分离同分异构体。

2. 液-液分配色谱法

① 固定相：特定的液态物质涂于担体表面或化学键合于担体表面（常用）而形成的固定相。常用 C_{18} 色谱柱、C_8 色谱柱、氨基柱、氰基柱和苯基柱等。

② 分离原理：根据被分离的组分在流动相和固定相中溶解度不同而分离。分离过程是一个分配平衡过程。

③ 液-液分配色谱法中的正相色谱法适用于分离中等极性和极性较强的化合物（如酚类、胺类、羰基类及氨基酸类等），反相色谱法适用于非极性和极性较弱的化合物。

（二）液相色谱仪的基本构造

液相色谱仪主要由输液系统、进样系统、色谱柱、检测器和数据处理系统五大部分组成（图 7-1）。此外，可根据需要配置自动进样器、预柱、在线脱气装置、自动控制系统等。

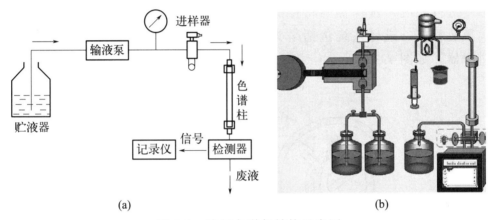

(a)　　　　　　　　　　　　(b)

图 7-1　液相色谱仪结构示意图

1. 液相色谱仪的工作流程

输液泵将贮液器中的流动相以稳定的流速输送至分析系统，在色谱柱之前样品通过进样器导入，流动相将样品依次带入预柱、色谱柱，在色谱柱中各组分被分离，被流动相带入检测器，检测器将检测到的信号送至数据处理系统中记录、处理和保存。

2. 主要部件

（1）输液系统　一般包括贮液器、输液泵、过滤器、洗脱装置。

① 贮液器：一般由玻璃制成，容量 $0.5\sim2L$，用来储存流动相。

② 输液泵：输液泵是液相色谱仪的关键部件，将流动相以稳定的流速或压力输送至色谱分离系统（图 7-2），要求压力平稳无波动，流速稳定，流量可调节，死体积小。

③ 过滤器：避免微小杂质进入流动相柱头上，避免柱压升高，致使色谱柱不能正常工作。

④ 洗脱装置：色谱分析中的洗脱技术指的是流动相的梯度，在分离过程中改变流动相的组成，提高分离效率，改善峰形，减少拖尾并缩短分析时间。

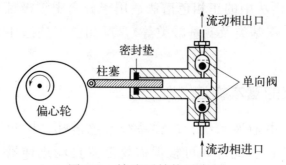

图 7-2 输液泵结构示意图

（2）进样系统 进样器是将样品送入色谱柱的装置，要求密封性好、死体积小、重复性好。进样系统包括平头针、进样器。液相色谱常用的进样器是六通阀进样器，如图 7-3 所示。

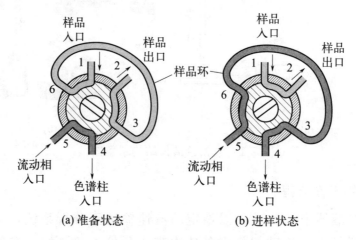

(a) 准备状态　　　　　(b) 进样状态

图 7-3 六通阀进样器示意图

1—样品入口；2—样品出口；3—样品环（定量管）出口；
4—色谱柱入口；5—流动相入口；6—样品环（定量管）入口

六通阀进样器定量环的规格有 $10\mu L$、$20\mu L$、$25\mu L$、$100\mu L$ 等。

（3）色谱柱 色谱柱是整个色谱仪的心脏（图 7-4）。柱体为直型不锈钢管，内径 $1\sim6mm$，柱长 $5\sim40cm$。其发展趋势是减小填料粒度和柱径以提高柱效。

图 7-4 色谱柱

（4）检测器　液相色谱常用的检测器有紫外-可见光（UV-Vis）检测器、示差折光（RI）检测器、荧光检测器（FD）和离子色谱分析的电导检测器（CD）。几种检测器的性能指标如表 7-1 所示。

表 7-1　常见色谱检测器性能指标

性能	紫外-可见光检测器	示差折光检测器	荧光检测器	电导检测器
测量参数	吸光度	折光指数	荧光强度	电导率
类型	选择型	通用型	选择型	选择型
用于梯度洗脱	可以	不可以	可以	不可以
对流量敏感性	不敏感	敏感	不敏感	敏感
对温度敏感性	低	10^{-4}/℃	低	10^{-2}/℃

① 紫外-可见光检测器：是目前液相色谱中应用最广泛的检测器，对大部分有机化合物有响应。特点是：灵敏度高；线性范围大；流通池可做得很小（1mm×10mm，容积 8μL）；对流动相的流速和温度变化不敏感；波长可选；易于操作；可用于梯度洗脱。

② 示差折光检测器：又称折光指数检测器，是一种通用型检测器，对温度和流量变化很敏感，不宜做梯度洗脱，适用于没有紫外吸收的物质检测，如高分子化合物、糖类、脂肪烷烃等。

③ 荧光检测器：高灵敏度、高选择性；对多环芳烃、维生素 B、黄曲霉素、卟啉类化合物、氨基酸、甾类化合物等有响应。

（5）数据处理系统　主要用于数据记录和处理。

写一写

1. 简述液相色谱法的测定原理。

2. 液相色谱仪的基本结构由哪几个部分组成？

四、仪器的使用

　看一看

扫码观看视频，记录操作要点。

液相色谱法测定饮料中苯甲酸含量

　写一写

　　查阅液相色谱仪的操作指南，结合操作视频补充完善液相色谱法测定果汁饮料中苯甲酸含量操作步骤。

序号	操作流程	操作图示	操作步骤及注意事项
1	样品预处理和溶液制备		1. 试样的制备 　取多个预包装的饮料直接混合均匀。 　2. 试样的提取 　准确称取＿＿g样品置于50mL离心管中，加超纯水约25mL，50℃水浴超声＿＿min，于＿＿＿r/min离心5min，取上清液至50mL容量瓶中，于残渣中加入20mL超纯水分几次洗涤，振荡离心后合并至容量瓶中，加水稀释定容至刻度，取适量上清液过＿＿μm滤膜后待测。 备注： (1)碳酸饮料、果汁等样品在提取过程中不需要加蛋白质沉淀剂＿＿＿＿和＿＿＿＿＿。 (2)液相色谱分析过程中用的水是＿＿＿＿＿
			1. 配制流动相 　(1)本实验采用的流动相是＿＿＿和＿＿＿＿。 　(2)简述流动相的配制过程：

序号	操作流程	操作图示	操作步骤及注意事项
1	样品预处理和溶液制备	 	2. 流动相的处理 配制好的流动相先用＿＿＿＿＿进行过滤,然后再用超声波清洗器进行＿＿＿＿。 注意事项: 流动相的配制采用超纯水,过滤时使用＿＿ μm 的滤膜过滤。 液相色谱分析过程中采用的试剂均为色谱纯
		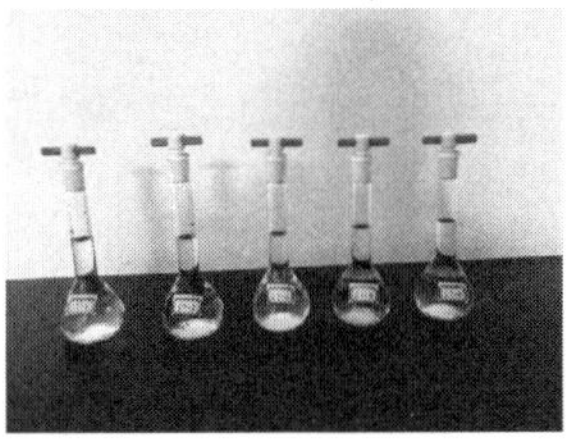	配制苯甲酸标准系列溶液 (1)配制＿＿＿＿ mg/L 的标准储备液。 (2)配制＿＿＿＿ mg/L 的标准使用液。 (3)分别移取＿＿、＿＿、＿＿、＿＿、＿＿、＿＿ mL 的标准使用液,置于＿＿mL 容量瓶中,配制成为浓度分别为＿＿＿＿、＿＿＿＿、＿＿＿＿、＿＿＿＿、＿＿＿＿、＿＿＿＿ 的苯甲酸标准系列溶液
2	仪器准备	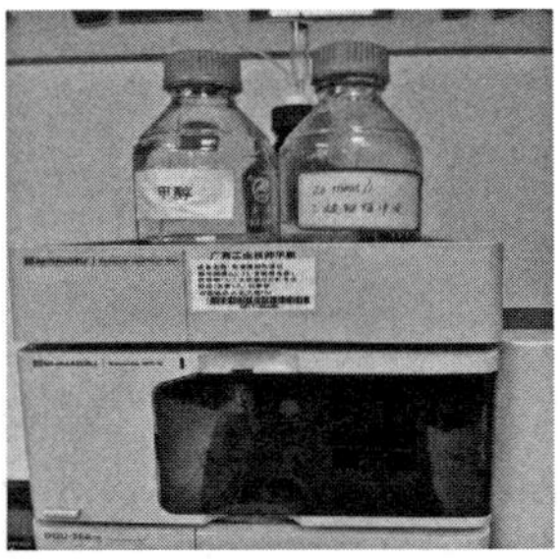 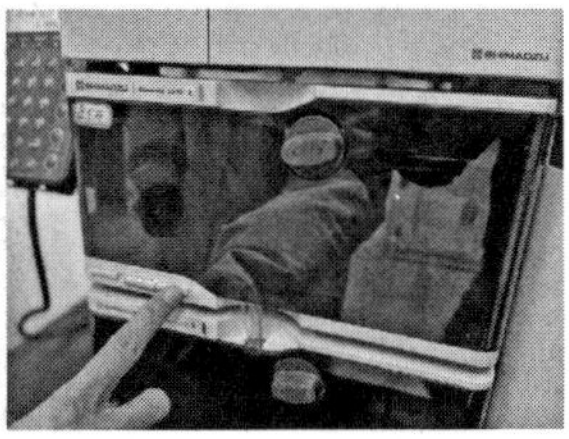	1. 更换流动相。 2. 流动相管路排气:打开排液阀(逆时针旋转松开)→按 A/B 泵的 Purge 键→自动排气 5min→关闭排液阀(顺时针拧紧)。 3. 检查色谱柱的安装情况:安装方向是否正确,堵头是否紧实,防止漏液。 色谱柱的方向是自＿＿＿而＿＿＿,色谱柱的规格型号是＿＿＿＿＿＿＿＿＿＿＿＿＿。

序号	操作流程	操作图示	操作步骤及注意事项
2	仪器准备		备注：在管路排气的过程中如管路中仍有气泡，则重复上述操作至气泡排尽
3	样品测量	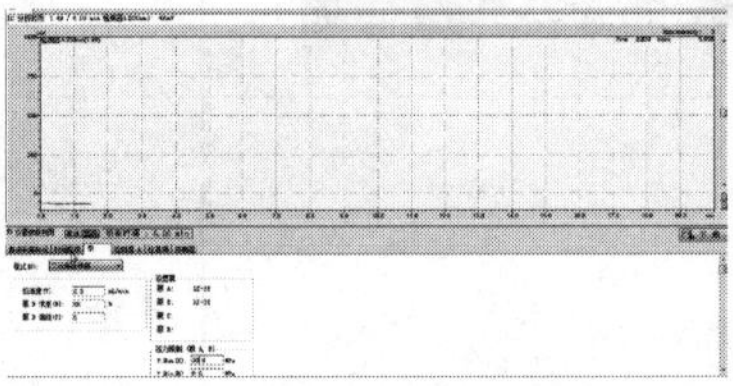 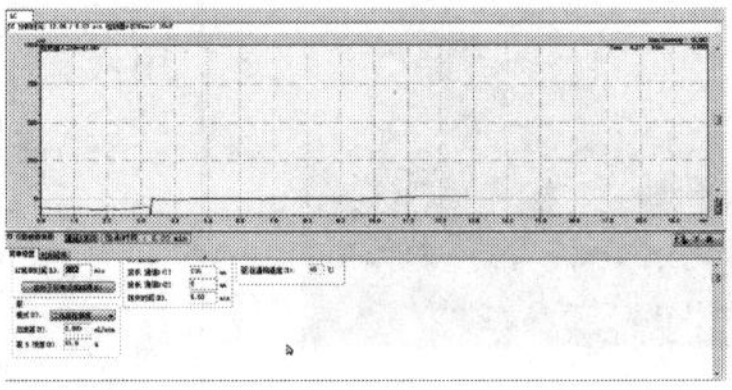	1. 新建方法文件，进行仪器参数设置 　点击【文件】→新建方法文件→设置方法参数：分别设置数据采集时间、泵模式、流动相的比例、总流速、柱温、检测波长等。 　数据采集时间：＿＿＿＿＿＿＿＿； 　泵的模式选择：＿＿＿＿＿＿＿＿； 　流动相的比例：＿＿＿＿＿＿＿＿； 　总流速是＿＿＿＿mL/min； 　检测波长：＿＿nm； 　柱温：＿＿℃。 　方法参数设置后点击【文件】→【方法文件另存为】→输入方法文件名称，选择储存的路径→点击【下载】 　2. 系统平衡 　打开泵→平衡系统→待基线和压力平稳后，准备进样
		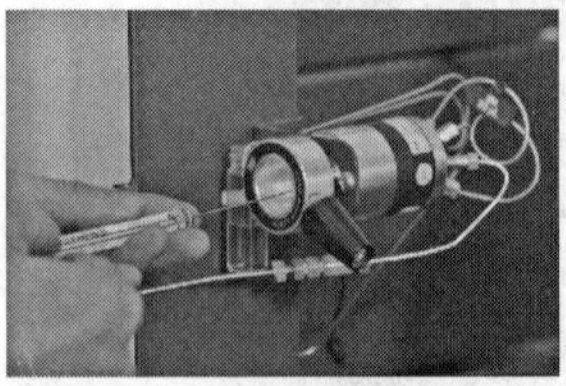 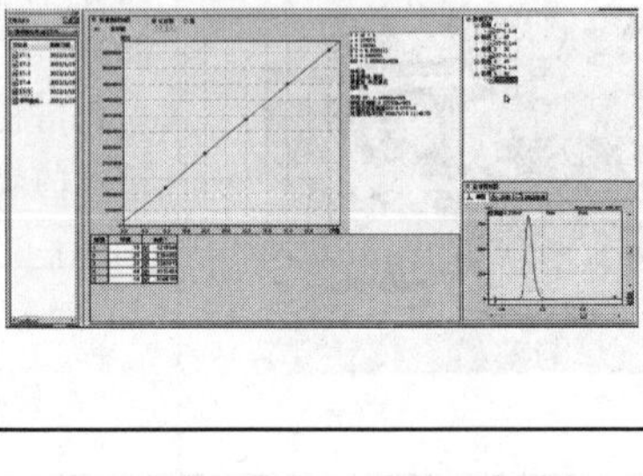	1. 标准系列溶液分析 　点击【单次分析】→输入样品名称和数据文件名称，选择数据文件储存路径，依次进系列标准溶液，进行数据采集。 　使用注意事项： 　（1）进样针的使用：用待测液润洗进样针3～5次，确保进样针无气泡。

续表

序号	操作流程	操作图示	操作步骤及注意事项
3	样品测量		(2)六通阀进样器的使用： 六通阀进样器在____位置,是取样的位置,样液进入_____,多余的样液流到废液瓶中。然后,将进样器的位置调至____位置,样液被流动相带到_____中进行分离,然后被检测器检测后进行数据采集。 2.绘制标准曲线 使用工作站完成标准曲线的绘制,然后将文件储存覆盖原方法文件。 3.未知样品分析 依次进入未知样品溶液,获得工作溶液中苯甲酸的含量
4	结束工作		1.分析完毕后,停泵,关闭检测器的氘灯。 2.更换流动相 将流动相的盐溶液更换为超纯水,设定流动相比例为甲醇∶水=____,冲洗时间至少____h;然后更换流动相比例为甲醇∶水=_____,冲洗____min,保护色谱柱。 注意:测定结束后,冲洗色谱柱的流动相宜采用5%～10%的甲醇水溶液,再用90%～95%的甲醇水冲洗色谱柱,以保护色谱柱。 3.退出工作站,关闭仪器和电脑,清理桌面

 注意

甲醇有剧毒,易燃,在使用过程中应做好安全防护工作,保持通风,同时在使用时远离火源,避免发生火灾。

制订与审核计划

一、查找与阅读标准

查阅 GB 2760—2014《食品安全国家标准　食品添加剂使用标准》和 GB 5009.28—2016《食品安全国家标准　食品中苯甲酸、山梨酸、糖精钠的测定》，回答以下问题。

1. 什么是食品添加剂？食品添加剂的使用原则是什么？

2. 果汁饮料中苯甲酸的限量值是多少？

3. 试述液相色谱法测定苯甲酸含量的原理。

二、制订实验计划

依据 GB 5009.28—2016《食品安全国家标准　食品中苯甲酸、山梨酸、糖精钠的测定》，结合学校的实验条件，以小组为单位，讨论并制订饮料中苯甲酸测定的实验计划。

1. 根据小组用量，填写试剂准备单

序号	试剂名称	等级或浓度	数量	配制方法

2. 检查本次任务用到的危险化学品，填写危险化学品清单

化学品名称	危险性说明	应急处置措施	领用要求及注意事项

3. 根据个人需要，填写仪器使用清单

序号	仪器名称	规格	数量	仪器维护情况

4. 列出主要分析步骤，合理分配时间，填写工作计划表

序号	主要步骤	所需时间	操作要点及注意事项

三、审核实验计划

（1）组内讨论，形成小组实验计划。

（2）各小组展示实验计划（海报法或照片法），并做简单介绍。

（3）小组之间互相点评，记录其他小组对本小组的评价意见。

（4）结合教师点评，修改完善本组实验计划。

评价小组	计划制订情况（优点和不足）	小组互评分	教师点评
平均分：

注：1. 小组互评可从计划的完整性、合理性、条理性等方面进行评价。

2. 对其他小组的实验计划进行排名，按名次分别计 10 分、9 分、8 分、7 分、6 分。

📖 素质拓展阅读

钱学森

钱学森，我国著名航天科学家，中国科学院、中国工程院院士，中国航天事业奠基人。他是一位充满爱国主义情怀的伟大科学家，他的一生都与国家和民族的命运紧密相连，他用他的科学知识和智慧，为祖国的繁荣昌盛做出了卓越的贡献。

钱学森从小就立志为祖国的发展做出贡献，他选择了航空工程专业，希望通过发展航空工业来提升国家的实力。他在国外留学期间，时刻关心祖国的情况，在祖国需要之际毅然决定放弃国外的优厚待遇，回到祖国投身新中国的建设。他带领团队攻克许多技术难关，为我国的航天事业和国防建设做出了不可磨灭的贡献。他的智慧和才能不仅体现在科学研究中，更体现在他对国家和民族的责任和担当。

实施计划

一、组内分工，准备仪器和配制溶液

序号	任务内容	负责人
1	领取实验所需的化学试剂	
2	领取实验所需的容量瓶、吸量管等玻璃仪器	
3	制备和处理饮料样品	
4	检查和配制流动相	
5	检查仪器及相关设备的状态	
6	配制标准溶液	

二、仪器的使用维护

打开仪器前，检查：
- □流动相已更换　　　　□流动相未更换
- □流动相已过滤　　　　□流动相未过滤
- □流动相已脱气　　　　□流动相未脱气
- □色谱柱安装方向正确　□色谱柱安装方向错误
- □色谱柱无漏液　　　　□色谱柱漏液

使用仪器时，检查：
- □高压泵已排气　　　　□高压泵未排气
- □排液阀已关闭　　　　□排液阀未关闭
- □泵压力正常　　　　　□泵压力不正常

使用结束时，检查：
- □盐溶液及时更换为水　□盐溶液未及时更换为水
- □冲洗色谱柱　　　　　□未冲洗色谱柱
- □保护色谱柱　　　　　□未保护色谱柱

三、样品测量，填写数据记录表

检验日期＿＿＿＿＿　实验开始时间＿＿＿＿＿　结束时间＿＿＿＿＿　室温＿＿＿℃

苯甲酸含量测定的数据记录表格（Ⅰ）

样品名称		检测项目	
仪器型号			

续表

色谱柱					
色谱条件	检测器： 流动相：	检测波长：		柱温： 流速：	℃

标准曲线的制作(定容体积：____mL)　　　标准使用液的浓度：_____

瓶号	0	1	2	3	4	5
移取使用液的体积/mL						
浓度/(μg/mL)						
峰面积 A						
标准曲线方程						
相关系数						

未知样测定

组分名称	保留时间/min		样品峰面积 A		浓度/(μg/mL)		浓度的平均值/(μg/mL)	平行测定结果的相对极差/%
	1	2	1	2	1	2		

苯甲酸含量测定的数据记录表格 (Ⅱ)

样品名称		检测项目	
仪器型号			
色谱柱			
色谱条件	检测器： 流动相：	检测波长：	柱温：　　　　℃ 流速：

标准曲线的制作(定容体积：____mL)　　　标准使用液的浓度：_____

瓶号	0	1	2	3	4	5
移取使用液的体积/mL						

续表

瓶号	0	1	2	3	4	5
浓度/μg/mL						
峰面积 A						
标准曲线方程						
相关系数						

	未知样测定						
组分名称	保留时间/min		样品峰面积 A		浓度/(μg/mL)		浓度的平均值/(μg/mL)	平行测定结果的相对极差/%
	1	2	1	2	1	2		

检验员_____　　　　　　　　　　　复核员_____

四、数据处理过程及结果判定

1. 列出待测样品中苯甲酸含量的计算过程，按标准要求保留有效数字。

2. 根据 GB 2760—2014《食品安全国家标准　食品添加剂使用标准》标准要求给出检测结论。

GB 2760—2014《食品安全国家标准
食品添加剂使用标准》

检查与改进

一、分析实验完成情况

1. 操作是否符合规范要求

（1） 样品的制备和提取过程符合标准要求。 □是 □否
（2） 流动相经滤膜过滤并脱气。 □是 □否
（3） 开机前检查色谱柱安装方向和漏液情况。 □是 □否
（4） 标准溶液移取和定容规范、准确。 □是 □否
（5） 正确使用排液阀进行管路排气。 □是 □否
（6） 流动相过滤和脱气处理过程正确。 □是 □否
（7） 正确使用六通阀进样。 □是 □否
（8） 正确使用色谱工作站完成外标法测定苯甲酸含量。 □是 □否
（9） 分析结束后及时切换流动相冲洗色谱柱。 □是 □否
（10） 规范填写仪器使用记录。 □是 □否

2. 实验数据记录和处理是否规范正确

（1） 实验数据记录 □无涂改 □规范修改（杠改） □不规范涂改
（2） 有效数字保留 □全正确 □有错误，_____处
（3） 苯甲酸含量的计算 □全正确 □有错误，_____处
（4） 其他计算 □全正确 □有错误，_____处

3. HSE 管理执行情况及工作效率

（1） 按要求穿戴工作服和防护用品。 □是 □否
（2） 废液、废固按要求处理。 □是 □否
（3） 无仪器损坏。 □是 □否
（4） 未发生安全事故（灼伤、烫伤、割伤等）。 □是 □否
（5） 实验中仪器摆放整齐。 □是 □否
（6） 实验后，清洗仪器、整理桌面。 □是 □否
（7） 在规定时间内完成实验，用时_____min。 □是 □否

4. 教师点评测定结果是否符合允差要求

（1） 测定结果的精密度 □小于 10％ □大于 10％

（2）测定结果的准确度（统计全班学生的测定结果，计算出参照值）

① 定性结果的准确度　　　　□与标准的保留时间相差≤±0.05min

　　　　　　　　　　　　　　□与标准的保留时间相差＞±0.05min

② 定量结果的准确度　　　　□误差≤10%　　　□误差＞10%

二、列出存在的问题，改进后再次实验

1. 列出实验过程中存在的问题及改进措施。

2. 再次实验，并撰写检验报告。

根据实验完成情况分析，进一步规范自身操作，减少系统误差和偶然误差，提高分析结果的精密度和准确度，同时撰写电子版检测报告。

小知识

1. 第三方检测机构常见的记录表格和报告单。

请扫描二维码了解。

2. 亚铁氰化钾配合乙酸锌作为澄清剂：它是利用二水合乙酸锌 $[Zn(CH_3COO)_2·2H_2O]$ 与亚铁氰化钾反应生成的氰亚铁酸锌沉淀来挟走或吸附干扰物质。这种澄清剂除蛋白质能力强，但脱色能力差，适用于色泽较浅、蛋白质含量较高的样液的澄清。蛋白

检测机构常见的
记录表格和报告单

质对色谱柱影响较大，进入色谱柱会使柱效下降，降低色谱柱的使用寿命，影响分析结果。

3. 液相色谱仪进行分离主要依靠流动相和固定相对样品的吸附和脱附作用实现的。正确配制流动相，对实验数据和分离效果有着至关重要的意义。苯甲酸的测定中，使用的流动相是甲醇＋乙酸铵溶液（5∶95）。乙酸铵属于缓冲盐，使用的盐试剂应尽量为色谱纯级别，避免引入其他杂质。称量要精准，配制好后必须经过 $0.45\mu m$ 滤膜过滤并脱气 20min 以上，要现配现用。使用结束后，将缓冲液换成水相冲洗色谱柱和管路，若缓冲盐残留在管路和色谱柱中，可能造成柱压升高，损害硅胶基体，导致色谱柱键合相流失，柱床变松，柱效下降，以及使化合物的保留时间发生变化，造成泵压力变化等。因此用过缓冲盐后需要对色谱柱进行冲洗，水中缓冲盐浓度较大时应特别引起注意。

4. 液相色谱仪在使用过程中，若管路或流动相中有气体存在时，混合的时

候出现气泡使仪器压力波动并出现噪声。为防止气泡对分析造成影响，可采取以下措施：①流动相在使用前超声排气；②清洗流路和再次脱气流动相，使管路中充满流动相。

评价与反馈

一、个人任务完成情况综合评价

	评价项目及标准	配分	自评	互评	师评
学习态度	1. 按时上、下课，无迟到、早退或旷课现象	20			
	2. 遵守课堂纪律，无睡觉、看课外书、玩手机、闲聊等现象				
	3. 学习主动，能自觉完成老师布置的预习任务				
	4. 认真听讲，不走神或发呆				
	5. 积极参与小组讨论，发表自己的意见				
	6. 主动代表小组发言或展示操作				
	7. 发言时声音响亮、表达清楚、展示操作较规范				
	8. 听从组长分工，认真完成分派的任务				
	9. 按时、独立完成课后作业				
	10. 及时填写工作页，书写认真、不潦草				
	一个否定选项扣 2 分				
操作规范	1. 样品的制备和提取过程符合标准要求	20			
	2. 流动相经滤膜过滤并脱气				
	3. 开机前检查色谱柱安装方向和漏液情况				
	4. 标准溶液移取和定容规范、准确				
	5. 正确使用排液阀进行管路排气				
	6. 流动相过滤和脱气处理过程正确				
	7. 正确使用六通阀进样				
	8. 正确使用色谱工作站完成外标法测定苯甲酸含量				

	评价项目及标准		配分	自评	互评	师评
操作规范	9. 分析结束后及时切换流动相冲洗色谱柱		20			
	10. 规范填写仪器使用记录					
	一个否定选项扣 2 分					
HSE 及工作效率	1. 按要求穿戴工作服和防护用品		10			
	2. 实验过程中仪器摆放整齐					
	3. 实验过程中无仪器损坏和安全事故发生					
	4. 实验结束后废液、废固按要求处理					
	5. 在规定时间内完成实验					
	一个否定选项扣 2 分					
过程记录	及时进行原始数据记录 每错一项扣 1 分,最多扣 2 分		10			
	正确记录、修约与保留有效数字 每错一项扣 1 分,最多扣 2 分					
	正确计算苯甲酸的含量 每错一项扣 3 分,最多扣 6 分					
	计算过程有伪造数据或篡改数据,数据作废,按 0 分计					
测定结果	工作曲线线性	$r \geqslant 0.99995$,不扣分	15			
		$0.9999 \leqslant r < 0.99995$,扣 3 分				
		$0.9995 \leqslant r < 0.9999$,扣 6 分				
		$0.999 \leqslant r < 0.9995$,扣 9 分				
		$0.995 \leqslant r < 0.999$,扣 12 分				
		$r < 0.995$,扣 15 分				
	精密度	平行测定结果的相对极差≤10%	15			
	准确度	测定结果与参考值的相对误差≤10%	10			
总分			100			

二、小组任务完成情况汇报

1. 实验完成质量:2 次都合格的人数_____,1 次合格的人数_____,2 次均未合格的人数_____。

2. 自评分数最低的同学说说自己存在的主要问题。

3. 互评分数最高的同学说说自己做得好的方面。

4. 小组长安排组员介绍本组存在的主要问题和做得好的方面。

拓展专业知识

?　想一想

1. 什么是正向色谱法和反向色谱法？
2. 请简述六通阀进样器的工作原理。
3. 柱压升高可能是哪些原因导致的？

🌐　相关知识

一、液相色谱法的分类

液相色谱法是以液体为流动相的色谱分析方法。液体流动相将被分离混合物带入色谱柱中，根据各组分在固定相及流动相中吸附能力、分配系数的差异来进行分离。依据分离原理的不同，液相色谱法可分为液-固吸附色谱法、液-液分配色谱法、离子色谱法和凝胶色谱法等。

1. 液-固吸附色谱法

基于各组分吸附能力的差异进行分离。液-固吸附色谱法的固定相都是一些不同极性的吸附剂，如硅胶、氧化铝等，当混合物随流动相通过吸附剂时，对吸附剂吸附能力弱的随流动相先流出色谱柱，吸附能力强的组分吸附在吸附剂上，之后被流动相带出色谱柱，从而达到分离。

2. 液-液分配色谱法

利用混合物中各组分在固定相和流动相中溶解度的差异进行分离，可分为正相液-液分配色谱和反向液-液分配色谱法两种。以极性物质为固定相，非极性溶剂为流动相时，固定相的极性大于流动相的极性，称为正相液-液分配色谱，适用于极性组分的分离；反之，以非极性物质为固定相，极性溶剂为流动相，固定相的极性小于流动相，称为反相液-液分配色谱，适用于非极性组分的分离。在液相色谱分析中，70%～80%的分析任务都是由反向液-液分配色谱法来完成的。

影响混合物分离的主要因素是固定相和流动相。表 7-2 列出了液-液分配色谱法常用的固定液。

表 7-2　液-液分配色谱法常用的固定液

正向液-液分配色谱法的固定液		反向液-液分配色谱法的固定液
β,β'-氧二丙腈	乙二醇	甲基硅酮
	乙二胺	氰丙基硅酮
1,2,3-三(2-氰乙氧基)丙烷	二甲基亚砜	聚烯烃
聚乙二醇 400,聚乙二醇 600	硝基甲烷	正庚烷
甘油,丙二醇	二甲基甲酰胺	
冰醋酸		

选用流动相的依据是溶剂的极性，常用的溶剂极性顺序如下：水＞甲酰胺＞乙腈＞甲醇＞乙醇＞丙醇＞丙酮＞四氢呋喃＞甲乙酮＞正丁醇＞醋酸乙酯＞乙醚＞异丙醚＞二氯甲烷＞氯仿＞溴乙烷＞苯＞氯丙烷＞甲苯＞四氯化碳＞二硫化碳＞环己烷＞正己烷＞正庚烷＞煤油。

在正相色谱中，以正己烷或正庚烷为流动相主体溶剂，加入＜20％的极性改良剂，如四氢呋喃、二氯甲烷、氯仿、乙酸乙酯等；在反相色谱中，以水为流动相主体，加入一定量的改良剂，如二甲基亚砜、乙腈、乙醇、异丙醇等。

二、六通阀进样器的工作原理和使用注意事项

（一）六通阀进样器的工作原理

六通阀进样器是高效液相色谱系统中最理想的进样器，了解和掌握六通阀进样器的工作原理有利于对它的使用和维护，延长其使用寿命。六通阀进样器是由圆形密封垫（转子）和固定底座（定子）组成。当在充样（Load）位置时，从进样孔充样进定量环，多余样品从放空孔排出；转动至进样（Inject）位置时（将六通阀转子转动 60°），由泵输送的流动相冲洗定量环，推动样品进入色谱柱。

六通阀进样器的工作原理主要分为两步，分别是充样和进样，如图 7-5 所示。

其中，虚线表示定量环。首先，泵将流动相从 1 号压入，通过 2 号进入色

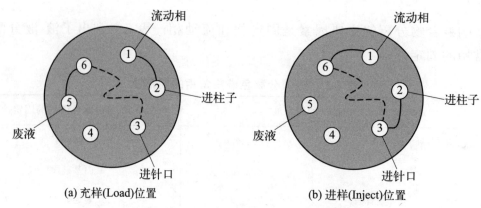

(a) 充样(Load)位置　　　　　　　　　(b) 进样(Inject)位置

图 7-5　六通阀进样器的工作原理

谱柱中，流动相在色谱系统中形成稳定的流路；然后样品经进针口从 3 号注射进定量环中，定量环中充满后，多余的样品液从 5 号放空孔排出，此时充样完成。

待样品进入定量环后，将六通阀进样器调至进样位置，这时 1 号阀与 6 号阀接通，2 号阀和 3 号阀接通，由泵输入的流动相冲洗定量环，将待测样品充入色谱柱中进行分离检测。

通过图 7-6 和图 7-7 直观了解六通阀进样器的工作原理：

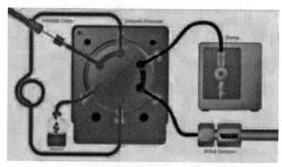

图 7-6　充样（Load）位置管路连接图

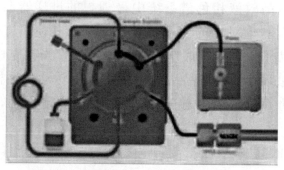

图 7-7　进样（Inject）位置管路连接图

① 当在充样（Load）位置时，流动相与色谱柱构成封闭环路，样品从进样口注入，进入定量环中，多余的以废液形式排出。

② 待样品完全进入后，将六通阀转子转动60°，转动至进样（Inject）位置时，流动相入口与定量环接通。流动相通过定量环，将待测样品充入色谱柱中。

（二）六通阀进样器使用注意事项

① 如果扳阀处于充样和进样之间，堵住液流，压力骤增，再转到进样位置时，过高的压力损坏柱头，所以应尽快转动阀，不能停留在中途。

② 液相色谱仪使用的注射器针头有别于气相色谱，是平头注射器。一方面，针头外侧紧贴进样器密封管内侧，密封性能好，不漏液，不引入空气；另一方面，也防止了针头刺坏密封组件及定子。

③ 六通阀进样器的进样方式有部分装液法和完全装液法两种。

a. 使用部分装液法进样时，进样量最多为定量环体积的75%，如20μL的定量环最多进15μL的样品，并且要求每次进样体积准确、相同。

b. 使用完全装液法进样时，进样量最少为定量环体积的3~5倍，即20μL的定量环最少进样60~100μL，这样才能完全置换样品定量环内残留的溶液，达到所要求的精密度及重现性。推荐采用100μL的平头进样针配合20μL满环进样。

④ 样品要求无微粒且不能堵塞针头及进样阀，样品溶液均要用0.45μm的滤膜过滤。

为防止缓冲盐和其他残留物质留在进样系统中，每次结束后应冲洗进样器，通常用不含盐的稀释剂、水或不含盐的流动相冲洗，在进样阀的充样和进样位置反复冲洗，再用无纤维纸擦净注射器针头的外侧。

三、液相色谱仪常见故障排除

1. 输液泵

① 没有流动相流出，又无压力指示。原因可能是泵内有大量气体，这时可打开泄压阀，使泵在较大流量（如5mL/min）下运转，将气泡排尽，也可用一个50mL针筒在泵出口处帮助抽出气体；另一个可能的原因是密封环磨损，需更换。

② 压力和流量不稳。原因可能是有气泡，需要排出；或者是单向阀内有异物，可卸下单向阀，浸入丙酮内超声清洗。有时可能是砂滤棒内有气泡，或被盐的微细晶粒或滋生的微生物部分堵塞，这时可卸下砂滤棒浸入流动相内超声

除气泡，或将砂滤棒浸入稀酸（如 4mol/L 硝酸）内迅速除去微生物，或将盐溶解再立即清洗。

③ 压力过高的原因是管路被堵塞，需要清除和清洗。压力降低的原因则可能是管路有泄漏，检查堵塞或泄漏时应逐段进行。

2. 检测器

（1）流动相内有气泡   如果有气泡连续不断通过流动池，将使噪声增大，如果气泡较大，则会在基线上出现许多线状"峰"，需要对流动相进行充分的除气，检查整个色谱系统是否漏气，再加大流量驱除系统内的气泡。如果气泡停留在流动池内，也可能使噪声增大，可采用突然增加流量的办法除去气泡（最好不连接色谱柱）；或者启动输液泵的同时，用手指紧压流动池出口使池内增压，然后放开，可反复操作数次，但注意不要使压力增加太多，以免流动池破裂。

（2）流动池被污染   无论参比池或样品池被污染，都可能产生噪声或基线漂移。可以使用适当溶剂清洗流动池，要注意溶剂的互溶性；如果污染严重，就需要依次采用 1mol/L 硝酸、水和新鲜溶剂冲洗，或者取出池体进行清洗，更换窗口。

（3）光源灯出现故障   紫外或荧光检测器的光源灯使用到极限或者不能正常工作时，可能产生严重噪声，发生基线漂移，出现平头峰等异常峰，甚至使基线不能回零，这时需要更换光源灯。

（4）出现倒峰   倒峰的出现可能是检测器的极性接反了，改正后即可变成正峰。用示差折光检测器时，如果组分的折光指数低于流动相的折光指数，也会出现倒峰，这就需要选择合适的流动相。如果流动相中含有紫外吸收的杂质，使用紫外-可见光检测器时，无吸收的组分就会产生倒峰，因此必须用高纯度的溶剂作流动相。在死时间附近的尖锐峰往往是由于进样时的压力变化，或者由样品溶剂与流动相不同所引起的。

━━━━━━━━━━ 练习题

一、填空题

1. 苯甲酸的测定使用的流动相是＿＿＿＿＿＿＿，浓度是＿＿＿＿＿＿。配制好流动相后，用＿＿＿＿＿进行过滤，采用的滤膜孔径是＿＿＿＿＿，使用结束后，应将流动相换成＿＿＿＿＿进行冲洗。

2. 苯甲酸含量测定使用＿＿＿＿＿色谱柱，使用＿＿＿＿＿检测器，在＿＿＿＿波长下测定。

二、单项选择题

1. 下列检测器中，属于通用型检测器的是（　　）。

A. UV-Vis 检测器　　　　B. RI 检测器　　　　C. FD　　　　D. CD

2. 在液相色谱仪中，分离样品各组分的部件是（　　）。

A. 柱温箱　　　　B. 检测器　　　　C. 输液泵　　　　D. 色谱柱

3. 液相色谱流动相过滤必须使用（　　）粒径的过滤膜。

A. $0.5\mu m$　　　　B. $0.45\mu m$　　　　C. $0.6\mu m$　　　　D. $0.55\mu m$

4. 在高效液相色谱中，色谱柱的长度一般在（　　）范围内。

A. $10\sim30cm$　　　　B. $20\sim50m$　　　　C. $1\sim2m$　　　　D. $2\sim5cm$

5. 反相键合相色谱是指（　　）。

A. 固定相为极性，流动相为非极性

B. 固定相的极性远小于流动相的极性

C. 被键合的载体为极性，键合的官能团的极性小于载体极性

D. 被键合的载体为非极性，键合的官能团的极性大于载体极性

6. 在液相色谱法中，为了改变色谱柱的选择性可进行的操作是（　　）。

A. 改变流动相的种类或柱子　　　　B. 改变固定相的种类或柱长

C. 改变固定相和流动相的种类　　　　D. 改变填料的粒度和柱长

7. 液相色谱中最常用的定量分析方法是（　　）。

A. 内标法　　　　B. 内标对比法　　　　C. 外标法　　　　D. 归一化法

8. 下列检测器中，不能用于梯度洗脱的是（　　）。

A. 紫外-可见光检测器　　　　　　　　B. 示差折光检测器

C. 荧光检测器　　　　　　　　　　　　D. 电导检测器

9. 可用于正相液相色谱主体流动相的是（　　）。

A. 水　　　　B. 甲醇　　　　C. 四氢呋喃　　　　D. 正庚烷

10. 高效液相色谱仪主要由（　　）组成。（1）高压气体钢瓶；（2）高压输液泵；（3）六通阀进样器；（4）色谱柱；（5）热导检测器；（6）紫外-可见光检测器；（7）程序升温控制；（8）梯度洗脱。

A. （1）、（3）、（4）、（5）、（7）　　　　B. （1）、（3）、（4）、（6）、（7）

C. （2）、（3）、（4）、（6）、（8）　　　　D. （2）、（3）、（5）、（6）、（7）

三、判断题

1. 液相色谱是指流动相和固定相都是液体的色谱分析方法。（　　）

2. 示差折光检测器属于通用型检测器，适用于梯度洗脱。（　　）

3. 在液相色谱分析中选择流动相比选择柱温更重要。（　　）

4. 高效液相色谱专用检测器包括紫外-可见光检测器、示差折光检测器、电导检测器、荧光检测器。（　　）

5. 气相色谱仪操作结束时，一般要先降低柱箱、检测器的温度接近室温才可关机。

（　　）

6. 色谱柱是高效液相色谱最重要的部件，要求耐高温耐腐蚀，所以一般用塑料制作。

（　　）

7. 根据分离原理的不同，液相色谱可分为液-固吸附色谱、液-液分配色谱、离子交换色谱和凝胶色谱四种类型。　　　　　　　　　　　　　　　　　　　　　　　　（　　）

8. 高效液相色谱分析的应用范围比气相色谱分析的大。　　　　　　　　　（　　）

9. 在液相色谱法中，提高柱效最有效的途径是减小填料粒度。　　　　　　（　　）

10. 在液相色谱分析中，应用最广泛的是正相色谱法。　　　　　　　　　　（　　）

四、计算题

分别称取糕点样品 2g 进行苯甲酸含量的测定。根据下列数据进行苯甲酸含量的计算。

项目	测定次数	
	1	2
称样量 m/g	2.0102	2.0145
提取液总体积 V_1/mL	50.0	50.0
吸取提取液体积 V_2/mL	5.00	5.00
定容体积 V_3/mL	50.0	50.0
斜率 a	32.5383	
截距 b	2.20964	
样品峰面积 A	191.835	189.327

 ———— 阅读材料

正确认识防腐剂

防腐剂是用于保持食品原有品质和营养价值的食品添加剂，它能抑制微生物的生长繁殖，防止食品腐败变质而延长保质期。防腐剂的防腐原理大致有如下 3 种：一是干扰微生物的酶系，破坏其正常的新陈代谢，抑制酶的活性；二是使微生物的蛋白质凝固和变性，干扰其生存和繁殖；三是改变细胞质膜的渗透性，抑制其内的酶类和代谢产物的排出，导致其失活。

谈到防腐剂，人们往往认为其有害，其实在安全使用范围内，对人体是无毒副作用的。我国防腐剂使用有严格的规定，防腐剂应符合以下标准：①合理使用对人体无害；②不影响消化道菌群；③在消化道内可降解为食物的正常成分；④不影响药物的使用；⑤对食品进行热处理时不产生有害成分。我国到目前为止已批准了 32 种可使用的食品防腐剂，其中最常用的有苯甲酸钠、山梨酸钾等。苯甲酸钠的毒性比山梨酸钾强，而且在相同的酸度值下抑菌效力仅为山梨酸的 1/3，因此许多国家逐渐偏向于使用山梨酸钾。但因苯甲酸钠价格低廉，在我国仍普遍使用，主要用于碳酸饮料和果汁饮料。山梨酸钾抗菌力强，毒性小，可参与人体的正常代谢，转化为 CO_2 和水。从防腐剂的发展趋势上看，以生物发酵而成的生物防腐剂，将成为未来的发展趋势。

消费者在市场上可以看到很多标注"不含防腐剂"的食品，其中有果汁饮料、茶饮料、罐头制品、调味品、蜜饯干果制品、方便面等，大多数品牌都在外包装上标注了"本品不含防腐剂""本产品不添加任何食品防腐剂"等字样。大多数消费者也认为标有"不含防腐剂"字样的食品更安全，要优先选购"不含防腐剂"的食品。但是，统计数据显示，很多食品安全问题，在一定程度上是由没有按规定添加防腐剂造成的。按照国家标准来使用防腐剂是对食品安全的一种保证，只要按国家标准添加，对身体是没有危害的，消费者不要过于相信不含防腐剂的食品。

防腐剂的发展趋势一是由毒性较高向毒性更低、更安全方向发展。人类进步的核心是健康、和谐。随着人们对健康要求的提高，食品的安全标准也越来越严。各国政府在快速修订食品安全标准，提高食品安全水平和国民健康水平的同时，也通过"绿色壁垒"来保护本国食品工业，减少国外食品对本国食品业的冲击。

防腐剂的发展趋势二是由化学合成食品防腐剂向天然食品防腐剂方向发展。鉴于化学合成食品防腐剂的安全性和其他缺陷，人类正在探索更安全、更方便使用的天然食品防腐剂。如微生物源的乳酸链球菌素、那他霉素、红曲米素等；动物源的溶菌酶、壳聚糖、鱼精蛋白、蜂胶等；植物源的琼脂低聚糖、杜仲素、辛香料、丁香、乌梅提取物等；微生物、动物和植物复合源的 R-多糖等。

防腐剂的发展趋势三是由单项防腐向广谱防腐方向发展。现在常用防腐剂的抑菌范围相对都比较狭小。有的对真菌有抑制作用，对细菌无效；有的仅对少数微生物有抑制作用。所以，大多数食品生产企业添加多种防腐剂以达到防腐目的。人们渴望单一使用既能杀菌又能抑菌的广泛意义上的食品防腐剂。广谱防腐剂将成为业界的研究方向之一。

防腐剂的发展趋势四是由苛刻的使用环境向方便使用方向发展。如有的防腐剂对食品的 pH 值、加热温度等敏感；有的防腐剂水溶性差；有的防腐剂异味太重；有的防腐剂导致食品褪色；等等。发展趋势应该是对食品生产环境没有苛刻要求的食品防腐剂。

防腐剂的发展趋势五是较高价格的天然食品防腐剂向较低价格方向发展。天然食品防腐剂无毒无害，价格较贵。大多数食品生产企业难以承受，如溶菌酶、乳酸链球菌素、那他霉素、鱼精蛋白等。大幅度降低天然食品防腐剂的成本是大范围推广应用天然食品防腐剂的先决条件之一。

添加食品防腐剂，首先必须严格按照食品卫生相关法规规定的使用剂量和使用范围来使用，以对人体无毒害为前提。同时，为使食品防腐剂达到最佳使用效果，必须注意影响防腐剂使用的各种因素，在实践中灵活应用。

水中硝酸盐的测定

硝酸盐（NO_3^-）是有氧环境中最稳定的含氮化合物形式，也是含氮有机物经无机化作用分解的最终产物，它作为环境污染物广泛地存在于自然界中，尤其是在受污染的水体、地下水和食品中。

硝酸盐本身易被生物体吸收，也易排泄，对哺乳动物不构成直接危害。含有大量硝酸盐的饮用水、蔬菜等经人食用后，在消化道缺氧环境中可被还原成有毒的亚硝酸盐，亚硝酸盐与人体血液作用，形成高铁血红蛋白，从而使血液失去携氧功能，使人缺氧中毒，轻者头昏、心悸、呕吐、口唇青紫，重者神志不清、抽搐、呼吸急促，抢救不及时可危及生命。不仅如此，亚硝酸盐在人体内与仲胺类作用可形成亚硝胺类，在人体内达到一定剂量时可致癌、致畸、致突变，故长期饮用含高浓度硝酸盐的水，会使人畜中毒。因此，检测水中硝酸盐含量对维护人类健康具有重要意义。

任务描述

某检测技术有限公司业务室接到某公司检测水质中硝酸盐含量的委托任务，委托方根据业务室提供的检测委托单填写样品信息。业务室审核确认实验室有该资质及能力分析此项目后，将委托单流转至检测室，由检测室主任审核批准同意分析该样品。业务室将样品交给样品管理员，样品管理员根据项目安排派发检测任务。理化检验室检测员根据检测任务分配单各自领取实验任务，按照样品检测分析标准进行分析。实验结束后两个工作日内，检测员统计分析数据，交给检测室主任审核，数据没问题则流转到报告编制员手中编制报告，报告编制完成后流转到报告一审、二审人员，最后流转到报告签发人手中审核签发。

作为检测员的你，请按照水质标准要求，制定检测方案，完成分析检测，并出具检测报告。要求在样品送检当日完成硝酸盐的测定，结果的重复性要求极差不得超过算术平均值的 10％。工作过程符合 HSE 规范要求，检测过程符合 GB/T 5750.5—2023《生活饮用水标准检验方法　第 5 部分：无机非金属指标》标准要求。

任务目标

完成本学习任务后，应当能够：

① 正确制备样品；

② 陈述离子色谱的工作原理和仪器的基本构造；

③ 依据 GB/T 5750.5—2023《生活饮用水标准检验方法　第 5 部分：无机非金属指标》和学校实验条件，以小组为单位制订实验计划，在教师引导下进行可行性论证；

④ 服从组长分工，独立做好分析仪器准备和实验用溶液的配制工作，培养团队协作精神和自学能力；

⑤ 能操作离子色谱，独立完成水中硝酸盐的测定，检测结果符合要求后出具检测报告；

⑥ 在教师引导下，对测定过程和结果进行初步分析，提出个人改进措施；

⑦ 工作过程符合 HSE 规范要求，做好实验前、中、后的物品管理和操作安全等工作；

⑧ 将液相色谱的学习拓展到离子色谱，激发对未知知识的探索和对科学的尊重，培养细心细致、勇于探索的工匠精神。

建议学时

20 学时

明确任务

识读任务委托单。

任务名称	水中硝酸盐的测定			委托单编号		
检测性质	□监督性检测	□竣工验收检测	☑委托检测	□来样分析		□其他检测：
委托单位：		地址：		联系人：		联系电话：

受检单位：			地址：			联系人：		联系电话：	
检测地点：						委托时间：		要求完成时间：	

<table>
<tr><th colspan="2"></th><th>类别</th><th>序号</th><th>检测点位</th><th>检测/分析项目(采样依据)</th><th>检测频次</th><th>执行标准</th></tr>
<tr><td colspan="2" rowspan="5">检测工作内容</td><td>环境空气</td><td>1</td><td rowspan="3"></td><td></td><td></td><td>—</td></tr>
<tr><td>□废水
□污水
☑地表水
□地下水</td><td>2</td><td>□pH 值　□悬浮物　□化学需氧量
□氨氮　□总氮　□总磷　□溶解氧
□石油类 ☑硝酸盐　□生化需氧量
□亚硝酸盐　□挥发酚　□硫酸盐
□氰化物　□总硬度　□硫化物
□砷　□阴离子表面活性剂
□氯化物　□铬　□氟化物
□六价铬　□汞　□高锰酸盐指数
□镉　□铅　□铜　□锌　□其他
(　　　　　　　　　)
采样依据：</td><td>每天采样
1 次</td><td></td></tr>
<tr><td>环境噪声</td><td>3</td><td></td><td></td><td>—</td></tr>
<tr><td colspan="2">任务下达</td><td colspan="6">业务室签名：　　　　　　　　　　　　　　　　年　　　月　　　日</td></tr>
<tr><td colspan="2">质控措施</td><td colspan="6">采样质控:□检测前、后校准仪器(□流量　□标气　□噪声)　□现场空白
　　　　□现场10％平行样(明码)　□其他
室内分析质控：□ 加标　　　□10％平行双样　□质控样　□其他：
质量保障部签名：　　　　　　　　　　　　年　　　月　　　日</td></tr>
<tr><td colspan="2">任务批准</td><td colspan="6">注意事项：
检测室签名：　　　　　　　　　　　　　　年　　　月　　　日</td></tr>
<tr><td colspan="2">备注：</td><td colspan="6"></td></tr>
</table>

1. 请用记号笔标出任务委托单中的关键词，把关键词写在下面的横线上。

_____

_____

_____

2. 请根据委托单的内容简述该任务的要求。

_____

_____

_____

📚 小知识

环境中硝酸盐的污染来源：

1. 人工化肥：有硝酸铵、硝酸钙、硝酸钾、硝酸钠和尿素等。

2. 生活污水、生活垃圾与人畜粪便，据测试 1 升生活污水在自然降解过程中，可产生 110 毫克硝酸盐；1 千克垃圾粪便堆肥在自然条件下经淋滤分解后，可产生 492 毫克硝酸盐。

3. 食品、燃料、炼油等工厂排出的含氨废弃物，经过生物、化学转换后形成硝酸盐进入环境中。

4. 汽车、火车、轮船、飞机、锅炉、民用炉等燃烧石油类燃料、煤炭、天然气，可产生大量氮氧化物，平均燃烧 1 吨煤、1 千升油和 1 万立方米天然气可分别产生二氧化氮气体 9 千克、13 千克与 63 千克，这些二氧化氮气体经降水淋溶后可形成硝酸盐降落到地面和水体中。

5. 食品防腐与保鲜：硝酸盐被广泛用在肉品和鱼的防腐和保存上，以使肉制品呈现红色和香味。

素质拓展阅读

水资源保护

"坚持人水和谐，建设生态文明""保护水资源，维护生命线""合理利用资源，保护生态平衡"……水资源保护的标语在生活中随处可见，时刻提醒每一个公民都有保护水资源的责任和义务。水是生命之源，是人类生存和发展所必需的物质资源。在地球上，一切生命活动都离不开水。人体中的水分约占体重的 65%，没有水，我们将无法吸收食物中的营养，也无法排出废物。因此，每个人都有责任和义务保护好生命的源泉——水。

活动二 获取信息

 看一看

一、离子色谱仪的工作原理

待测离子与色谱柱中具有相同电荷的离子进行交换被保留在柱上，然后被

淋洗液中的 OH^- 或 H^+ 置换并被洗脱，因各待测离子与树脂亲和力不同而被依次洗脱分离，由分离柱流出的携带待测离子的洗脱液经抑制器处理后利用电导检测器测定其电导率，根据其电导率值大小得出待测组分的含量。离子色谱仪的工作流程见图1。

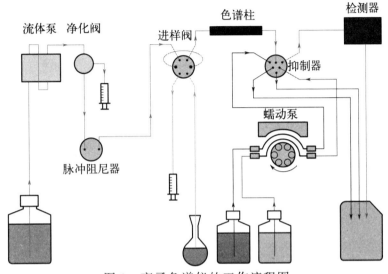

图1　离子色谱仪的工作流程图

二、离子色谱仪的基本构造

离子色谱仪由淋洗液系统、色谱泵系统、进样系统、分离系统、化学抑制系统、检测系统和数据处理系统组成，如图2和图3所示。

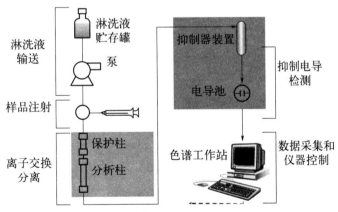

图2　离子色谱系统构成

1. 淋洗液系统

常用的阴离子分析淋洗液有 OH^- 体系和 CO_3^{2-}/HCO_3^- 体系等，常用的阳离子分析淋洗液有甲烷磺酸体系和草酸体系。

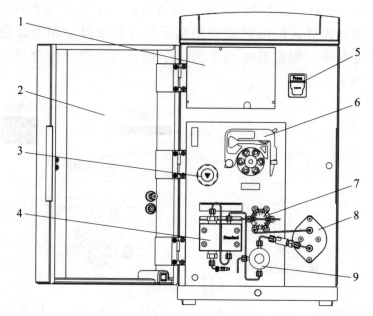

图 3   离子色谱仪正面图

1—检测器室；2—门（带 Luer 式接头和毛细管引线套管）；3—抑制器模块；4—高压泵；

5—柱夹；6—蠕动泵；7—进样阀；8—脉冲阻尼器；9—排气阀

淋洗液的一致性是保证分析重现性的基本条件。

2. 色谱泵系统

将流动相以稳定的压力和流速送到分离系统。离子色谱泵头应由具有耐高温、耐化学药品腐蚀的材料组成。

3. 进样系统

包括进样阀和定量环，可将待测样品定量切换到分离系统，由具有耐高温、耐化学药品腐蚀的 PEEK 材料组成。

4. 分离系统

常由预柱、保护柱和分析柱组成。其中预柱又称在线过滤器，主要用于除去一些颗粒杂质；保护柱用于消除样品中可能损坏分析柱填料的杂质，其填料与分析柱填料相同；分析柱用于有效分离待测样品。

5. 化学抑制系统

是离子色谱的核心部件，主要作用是通过化学反应中和流动相中的 H^+ 或 OH^-，可降低背景电导，提高检测器灵敏度。抑制器是影响基线稳定性、重现性和灵敏度的关键指标。

6. 检测系统

用于测定被色谱柱分离后的柱流出物的组成和含量变化的装置，包括电导检测器、电化学（安培）检测器和光度检测器。最基本和常用的检测器是电导检测器，主要用于测定溶液流过电导池电极时的电导率。

 写一写

离子色谱仪的核心部件是什么？请简述核心部件的工作原理。

三、仪器的使用

 看一看

扫码观看视频，记录操作要点和操作步骤。

离子色谱法测定水中
硝酸盐含量

制订与审核计划

一、查找与阅读标准

查阅 GB/T 5750.5—2023《生活饮用水标准检验方法　第 5 部分：无机非金属指标》，回答以下问题。

1. 水中硝酸盐含量测定的方法有哪些？

2. 简述离子色谱法测定水中硝酸盐含量的工作原理。

3. 离子色谱法测定水中硝酸盐含量过程中使用的玻璃器皿有什么要求？

二、制订实验计划

依据 GB/T 5750.5—2023《生活饮用水标准检验方法 第 5 部分：无机非金属指标》，结合学校的实验条件，以小组为单位，讨论并制订生活饮用水中硝酸盐测定的实验计划。

1. 根据小组用量，填写试剂准备单

序号	试剂名称	等级或浓度	数量	配制方法

2. 检查本次任务用到的危险化学品，填写危险化学品清单

化学品名称	危险性说明	应急处置措施	领用要求及注意事项

3. 根据个人需要，填写仪器清单

序号	仪器名称	规格	数量	仪器维护情况

4. 列出主要分析步骤，合理分配时间，填写工作计划表

序号	主要步骤	所需时间	操作要点及注意事项

三、审核实验计划

（1）组内讨论，形成小组实验计划。

（2）各小组展示实验计划（海报法或照片法），并做简单介绍。

（3）小组之间互相点评，记录其他小组对本小组的评价意见。

（4）结合教师点评，修改完善本组实验计划。

评价小组	计划制订情况（优点和不足）	小组互评分	教师点评
平均分：			

注：1. 小组互评可从计划的完整性、合理性、条理性等方面进行评价。

2. 对其他小组的实验计划进行排名，按名次分别计 10 分、9 分、8 分、7 分、6 分。

素质拓展阅读

科学充满未知，探索永无止境

　　原 FAST 工程首席科学家兼总工程师南仁东的塑像，静静伫立在贵州大窝凼，守护着他探索几十载铸就的"天眼"。 20 世纪 90 年代初，南仁东提出 500 米口径球面射电望远镜（FAST）工程设想。当时中国最大的射电望远镜口径不到 30 米。他力排众议，勇于探索，亲历选址、论证、立项、建设和攻克一系列技术难题。南仁东把人生的最后 20 多年奉献给了"中国天眼"。这一具有我国自主知识产权的重大科研基础设施自落成以来，已发现近 400 颗脉冲星，是同期国际上其他望远镜发现脉冲星总数的 2 倍多。

　　凭着勇攀高峰的创新精神，敢为人先的自信勇毅，广大科技工作者敢于提出新理论、开辟新领域、探索新路径，突破"卡脖子"瓶颈，涌现出一批批高水平的原创成果。

　　从"嫦娥五号"探月、"天问一号"落火，到快速研制新冠病毒检测试剂和高水平疫苗；从成功下线时速 600 千米高速磁浮交通系统，到突破二氧化碳人工合成淀粉技术……中国科技工作者不断以创新成果"惊艳"世界。

活动四 **实施计划**

一、组内分工，准备仪器和配制溶液

序号	任务内容	负责人
1	领取实验所需的化学试剂	
2	领取实验所需的容量瓶、吸量管等玻璃仪器	
3	检查和配制流动相和抑制剂	
4	检查仪器及相关设备的状态	
5	配制标准溶液	

二、仪器的使用维护

打开仪器前，检查：
　□抑制剂已更换　　　　　□抑制剂未更换
　□色谱柱无漏液　　　　　□色谱柱漏液
　□流动相已过滤并排气　　□流动相已过滤未排气
　□流动相未过滤已排气　　□流动相未过滤未排气

使用仪器时，检查：
　□泵压力正常　　　　　　□泵压力不正常
　□基线平稳　　　　　　　□基线不平稳

使用结束时，检查：
　□及时冲洗管路　　　　　□未及时冲洗管路

三、样品测量，填写数据记录表

检验日期＿＿＿＿＿　实验开始时间＿＿＿＿　结束时间＿＿＿＿　室温＿＿＿℃

硝酸盐含量测定的数据记录表格（Ⅰ）

样品名称				检测项目			
仪器型号							
色谱柱							
离子色谱条件							
标准曲线的制作(定容体积:＿＿mL)			标准使用液的浓度:＿＿＿＿＿				
瓶号	0	1	2	3	4	5	
移取使用液的体积/mL							
浓度/(mg/L)							
峰面积 A							
标准曲线方程							
相关系数							

		未知样测定					

组分名称	保留时间/min		样品峰面积 A		浓度/(mg/L)		浓度的平均值/(mg/L)	平行测定结果的相对极差/%
	1	2	1	2	1	2		

硝酸盐含量测定的数据记录表格（Ⅱ）

样品名称				检测项目		
仪器型号						
色谱柱						
离子色谱条件						

标准曲线的制作(定容体积：___mL)			标准使用液的浓度：_____			
瓶号	0	1	2	3	4	5
移取使用液的体积/mL						
浓度/(mg/L)						
峰面积 A						
标准曲线方程						
相关系数						

未知样测定								
组分名称	保留时间/min		样品峰面积 A		浓度/(mg/L)		浓度的平均值/(mg/L)	平行测定结果的相对极差/%
	1	2	1	2	1	2		

检验员_____　　　　　　　　　　复核员_____

四、数据处理过程及结果判定

1. 列出待测样品中硝酸盐含量的计算过程，按标准要求保留有效数字。

2. 根据 GB 5749—2022《生活饮用水卫生标准》要求给出检测结论。

GB 5749—2022
《生活饮用水卫生标准》

检查与改进

一、分析实验完成情况

1. 操作是否符合规范要求

（1）样品的制备和提取过程符合标准要求。　　　　　□是　　　□否

（2）抑制剂配制过程规范、正确。　　　　　　　　　□是　　　□否

（3）样品和标准溶液的移取过程规范、正确。　　　　□是　　　□否

（4）标准溶液定容规范、准确。　　　　　　　　　　□是　　　□否

（5）开机前检查色谱柱安装方向和漏液情况。　　　　□是　　　□否

（6）淋洗液过滤和脱气处理过程正确。　　　　　　　□是　　　□否

（7）正确使用自动进样器进样。　　　　　　　　　　□是　　　□否

（8）正确使用工作站完成外标法测定硝酸盐含量。　　□是　　　□否

（9）分析结束后及时切换流动相冲洗色谱柱。　　　　□是　　　□否

（10）规范填写仪器使用记录。　　　　　　　　　　□是　　　□否

2. 实验数据记录和处理是否规范正确

（1）实验数据记录　　　　□无涂改　　□规范修改（杠改）　□不规范涂改

（2）有效数字保留　　　　□全正确　　□有错误，_____处

（3）NO_2^- 和 NO_3^- 含量计算　□全正确　　□有错误，_____处

（4）其他计算　　　　　　□全正确　　□有错误，_____处

3. HSE 管理执行情况及工作效率

（1）按要求穿戴工作服和防护用品。　　　　　　　　□是　　　□否

（2）实验中，桌面仪器摆放整齐。　　　　　　　　　□是　　　□否

（3）安全使用化学药品，无浪费。　　　　　　　　　□是　　　□否

（4）废液、废固按要求处理。　　　　　　　　　　　□是　　　□否

（5）未打坏玻璃仪器。　　　　　　　　　　　　　　□是　　　□否

（6）未发生安全事故（灼伤、烫伤、割伤等）。　　　□是　　　□否

（7）实验后，清洗仪器、整理桌面。　　　　　　　　□是　　　□否

（8）在规定时间内完成实验。　　　　　　　　　　　□是　　　□否

4. 教师点评测定结果是否符合允差要求

（1）测定结果的精密度　　□极差≤ 平均值10%　　□极差＞ 平均值10%

□相关系数≤ 0.995　　　□相关系数＞ 0.995

（2）测定结果的准确度（统计全班学生的测定结果，计算出参照值）

□相对误差≤参照值 10％　　　　□相对误差＞参照值 10％

二、列出存在的问题，改进后再次实验

1. 列出实验过程中存在的问题及改进措施。

2. 再次实验，并撰写检验报告。

根据实验完成情况分析，进一步规范自身操作，减少系统误差和偶然误差，提高分析结果的精密度和准确度，同时撰写电子版检测报告。

小知识

1. 第三方检测机构常用的记录表格。

请扫描二维码了解。

2. 细菌滋生对离子色谱有比较大的负面影响，它会破坏分离柱。不少离子色谱问题往往是由藻类、细菌和霉菌的滋生引起的。防止细菌滋生的措施有：

检测机构离子
色谱测定的
记录表格

① 淋洗液、再生液以及冲洗液应当保持新鲜，定期更换。

② 建议所有容器用水冲洗后再用甲醇-水（1∶4）或丙酮-水（1∶4）冲洗。

③ 如果仍有细菌滋生，可以在淋洗液中加入 5％的甲醇或丙酮。

3. 离子色谱系统的许多问题往往是由管路中进入颗粒造成的。颗粒的来源有：细菌的滋生、未过滤的淋洗液、样品或冲洗液和再生液。因此，通过使用淋洗液过滤头、在线过滤器以及保护柱可以将这些危险降低到最小。

4. 离子色谱以水性介质为主。因此水质的好坏对结果至关重要。水质不好则结果肯定不好，如曲线线性不好，谱图中待测离子出现负峰等。水质不好还可能对仪器和分离柱造成损坏。IC 用水的要求：电阻＞18MΩ；无颗粒（＜0.45μm 滤膜过滤）。

5. 使用的基本要求：淋洗液有效期最长不能超过一周（夏天一天一换），注意室温的变化而引起的气泡，防止淋洗液中有机挥发性成分的挥发，做好防尘、防菌。更换淋洗液后，因管路中有气泡，所以一般需要进行排气操作。或者淋洗液中脱气不完全，产生气泡，也需要排气。排气时，将针阀拧松，以 2.0mL/min 的流速，从针阀处用注射器抽气，持续 5min。在将阀拧紧前，一定将流速改小为柱子的标准流速，避免损坏分离柱。

评价与反馈

一、个人任务完成情况综合评价

评价项目及标准		配分	自评	互评	师评
学习态度	1. 按时上、下课,无迟到、早退或旷课现象	20			
	2. 遵守课堂纪律,无睡觉、看课外书、玩手机、闲聊等现象				
	3. 学习主动,能自觉完成老师布置的预习任务				
	4. 认真听讲,不走神或发呆				
	5. 积极参与小组讨论,发表自己的意见				
	6. 主动代表小组发言或展示操作				
	7. 发言时声音响亮、表达清楚,展示操作较规范				
	8. 听从组长分工,认真完成分派的任务				
	9. 按时、独立完成课后作业				
	10. 及时填写工作页,书写认真、不潦草				
	一个否定选项扣 2 分				
操作规范	1. 样品的制备和提取过程符合标准要求	20			
	2. 抑制剂配制过程规范、正确				

评价项目及标准			配分	自评	互评	师评
操作规范	3. 样品和标准溶液的移取过程规范、正确		20			
	4. 标准溶液定容规范、准确					
	5. 开机前检查色谱柱安装方向和漏液情况					
	6. 淋洗液过滤和脱气处理过程正确					
	7. 正确使用自动进样器进样					
	8. 正确使用工作站完成外标法测定硝酸盐含量					
	9. 分析结束后及时切换流动相冲洗色谱柱					
	10. 规范填写仪器使用记录					
	一个否定选项扣 2 分					
HSE 及工作效率	1. 按要求穿戴工作服和防护用品		10			
	2. 实验过程中仪器摆放整齐					
	3. 实验过程中无仪器损坏和安全事故发生					
	4. 实验结束后废液、废固按要求处理					
	5. 在规定时间内完成实验					
	一个否定选项扣 2 分					
过程记录	及时进行原始数据记录 每错一项扣 1 分,最多扣 2 分		10			
	正确记录、修约与保留有效数字 每错一项扣 1 分,最多扣 2 分					
	正确计算硝酸盐的含量 每错一项扣 3 分,最多扣 6 分					
	计算过程有伪造数据或篡改数据,数据作废,按 0 分计					
测定结果	工作曲线线性	$r \geq 0.9999$,不扣分	10			
		$0.9995 \leq r < 0.9999$,扣 2 分				
		$0.999 \leq r < 0.9995$,扣 4 分				
		$0.995 \leq r < 0.999$,扣 6 分				

续表

评价项目及标准		配分	自评	互评	师评
测定结果	工作曲线线性	$0.99 \leqslant r < 0.995$,扣 8 分	10			
		$r < 0.99$,扣 10 分				
	精密度	平行测定结果的相对极差≤5%,不扣分	20			
		5%<平行测定结果的相对极差≤10%,扣 10 分				
		平行测定结果的相对极差>10%,扣 20 分				
	准确度	与参考值的相对误差≤5%,不扣分	10			
		5%<与参考值的相对误差≤10%,扣 5 分				
		与参考值的相对误差>10%,扣 10 分				
总分			100			

二、小组任务完成情况汇报

1. 实验完成质量：2 次都合格的人数_____，1 次合格的人数_____，2 次均未合格的人数_____。

2. 自评分数最低的同学说说自己存在的主要问题。

3. 互评分数最高的同学说说自己做得好的方面。

4. 小组长安排组员介绍本组存在的主要问题和做得好的方面。

活动七　拓展专业知识

？ 想一想

1. 离子色谱法有哪些分离方式？

2. 离子色谱柱压忽上忽下可能是什么原因导致的？如何处理？

 相关知识

一、离子色谱法的分离方式

离子色谱的分离机理主要是离子交换，有 3 种分离方式：高效离子交换色谱（HPIC）、离子排斥色谱（ICE）和离子对色谱（IPC）。用于 3 种分离方式的柱填料的树脂骨架基本都是苯乙烯-二乙烯基苯共聚物，但树脂的离子交换功能基和容量各不相同。HPIC 用低容量的离子交换树脂，ICE 用高容量的树脂，IPC 用不含离子交换基团的多孔树脂。3 种分离方式各基于不同分离机理。HPIC 的分离机理主要是离子交换，ICE 主要为离子排斥，而 IPC 则是主要基于吸附和离子对的形成。

1. 高效离子交换色谱

高效离子交换色谱应用离子交换的原理，采用低交换容量的离子交换树脂来分离离子，在离子色谱中应用最广泛。其主要填料类型为有机离子交换树脂，以苯乙烯-二乙烯基苯共聚物为骨架，在苯环上引入磺酸基，形成强酸型阳离子交换树脂，引入叔氨基而生成季铵型强碱性阴离子交换树脂。此交换树脂具有大孔或薄壳型或多孔表面层的物理结构，以便于快速达到交换平衡。离子交换树脂耐酸碱，可在任何 pH 范围内使用，易再生处理，使用寿命长，缺点是机械强度差、易溶易胀、易受有机物污染。

硅质键合离子交换剂以硅胶为载体，将有离子交换基的有机硅烷与基表面的硅醇基反应，形成化学键合型离子交换剂。其特点是柱效高、交换平衡快、机械强度高，缺点是不耐酸碱、只宜在 pH2～8 范围内使用。

2. 离子排斥色谱

它主要根据 Donnan 膜排斥效应，电离组分受排斥不被保留，而弱酸则有一定保留能力。离子排斥色谱主要用于分离有机酸以及无机含氧酸根（如硼酸根、碳酸根和硫酸根等）。它主要以高交换容量的磺化 H 型阳离子交换树脂为填料，以稀盐酸为淋洗液。

3. 离子对色谱

离子对色谱的固定相为疏水型的中性填料，可用苯乙烯-二乙烯基苯树脂或十八烷基硅烷键合硅胶（ODS），也有用 C_8 硅胶或 CN，固定相和流动相由含有离子对试剂和含适量有机溶剂的水溶液组成。对离子是指其电荷与待测离子相反，并能与之生成疏水性离子对的化合物，用于阴离子分离的对离子是烷基胺类，如氢氧化四丁基铵等，用于阳离子分离的对离子是烷基磺酸类，如己烷磺酸钠、庚烷磺酸钠等。对离子的非极性端亲脂，极性端亲水，其 CH_2 链越长，则离子对化合物在固定相的保留能力越强。在极性流动相中，往往加入一些有机溶剂，加快淋洗速度，此法主要用于疏水性阴离子以及金属络合物的分离，其分离机理则有 3 种不同的假说：反相离子对分配、离子交换以及离子相互作用。

二、离子色谱仪常见问题及解决方法

离子色谱仪常见问题及解决方法见表1。

表 1 离子色谱仪常见问题及解决方法

问题	原因	解决方法
压力突然下降	有气泡	排气或打开脱气装置
	系统内漏液	检查管路
	泵头需要维护	检查清理泵头、阀、密封圈
压力突然上升	淋洗液有固体小颗粒；可能高纯水品质不良或过滤件被污染	从流路的检测器端开始，逐一拆开各个单元，以确定引起压力增大的具体部件
	英蓝过滤器 6.2821.120 发生堵塞	更换滤芯 6.2821.130
	MSM 化学抑制器（以下简称 MSM）堵塞	MSM 再生处理（再生液：1mol/L H_2SO_4 +0.1mol/L 草酸和 5％丙酮）
	电导检测器堵塞	将出口 PEEK 管剪短几毫米 将检测器以与正常流动方向相反的方向进行冲洗
	保护柱堵塞	更换保护柱
	分离柱堵塞	再生处理分离柱 更换分离柱
	六通阀堵塞	清洗六通阀内部

问题	原因	解决方法
基线漂移	温度尚未达到平衡	开启柱温箱情况下检查加热部分,或保持空调工作
	系统内漏液	检查管路和密封圈
	淋洗液有气泡	淋洗液脱气或在三通阀处排气
	淋洗液里有机溶液汽化蒸发	检查淋洗液瓶盖
	放置时间过长	重新配制淋洗液
峰值面小于预期	进样管路中有漏液	检查样品流路
	进样管路堵塞	检查样品流路
	定量环未充满	增长进样时间
	样品中有气泡	样品脱气
	MCS(二氧化碳抑制器,以下简称MCS)未连接	连接 MCS
峰面积大于预期	前一次测量的样品残留	两次取样之间将系统用更长时间冲洗
蠕动泵输送功率不足	蠕动泵管夹太松	正确设定管夹松紧
	蠕动泵过滤器堵塞	更换过滤器滤片
	蠕动泵泵管老化	更换泵管位置或更换泵管
MSM 无法输送再生液和清洗液	系统内漏液	检查管路
	蠕动泵管夹太松	正确设定管夹松紧
	蠕动泵过滤器堵塞	更换过滤器滤片
	蠕动泵泵管损坏	更换泵管
	MSM 压力过高	清洁或再生 MSM
SPM(样品前处理模块)无法输送样品或清洗液	系统内漏液	检查管路
	蠕动泵管夹太松	正确设定管夹松紧
	蠕动泵过滤器堵塞	更换过滤器滤片
	蠕动泵泵管损坏	更换泵管位置或更换泵管
	SPM 反压力过高	清洗 SPM 或更换 SPM 模块
背景电导率过高	MSM 未连接	连接 MSM
	MCS 未连接	连接 MCS
	淋洗液配制错误	重新配制淋洗液
	MSM 无法输送再生液或清洗液	请检查再生溶液和冲洗溶液管路

问题	原因	解决方法
背景电导太低	淋洗液配制错误	重新配制淋洗液
	没有正确连接到电导检测器	检查数据线和管路
	泵工作不正常	检查流速和压力
	检测器参数错误	检查电导检测器参数设置
基线大幅上升	MSM 饱和	MSM 再生
保留时间波动	分离柱分离能力变差	再生分离柱 更换分离柱
	淋洗液里有气泡	检查淋洗液脱气
	淋洗线路漏液	检查淋洗液流路
	淋洗线路堵塞	检查淋洗液流路
	淋洗液放置时间过久	重新配制淋洗液
	室温变化	设定检测器温度大于外界环境温度 保持工作温度恒定
	高压泵故障	联系技术服务部门
样品重复测量平行性差	分离柱分离能力变差	再生处理分离柱 更换分离柱
	样品中有气泡	使用样品脱气器
	六通阀-样品定量环安装不到位	检查样品定量环的安装
	样品冲洗量过小	加大冲洗量
	六通阀损坏	更换六通阀
	MCS 真空过少	检查管路
	样品不稳定	细菌污染(杀菌后立即分析样品) 样品低温保存,取出后立即分析
	样品与淋洗液发生化学反应	更换淋洗液
	阳离子重复性不好	酸化样品,调节样品 pH 值 2～3
峰拖尾	进样量过大	稀释样品或减少进样量
	同时被洗脱,来自相邻色谱峰的干扰(只有一个峰有脱尾)	更换淋洗液 选不同型号的色谱柱分离 样品预处理,消除基体干扰
	所有峰都拖尾	再生或更换保护柱、色谱柱

续表

问题	原因	解决方法
负峰	所有的峰都变成负峰	检查检测器参数设置 检查 ELCD 电极连接和设置
	一个或几个负峰(淋洗液受到待测物质的污染,待测物质的电导率低于淋洗液)	使用超纯水 使用纯净的化学品
色谱图中峰值极端变宽、分裂(双峰)	系统内连接-存在较大的死体积	检查管路管(请在六通阀及检测器之间使用内直径为 0.25mm 的 PEEK 管)
	保护柱柱效变差	更换保护柱
	样品-pH 值异常	阳离子样品需酸化到 pH 2,酸性不可太高,否则会损伤色谱柱,造成双峰
	分离柱-柱头存在较大的死体积	将分离柱与流动方向相反的方向安装
无法读取分离柱上数据	柱芯片脏污	清洁柱芯片的接触面(用酒精)
	柱芯片损坏	联系技术服务部门
软件里不能识别电导检测器	没有连接	检查缆线连接,若 RS232 连接请检查 COM 口设置 关闭设备(15s 后)并重新开启

三、离子色谱仪使用的注意事项

① 洗脱液必须抽滤脱气后才可使用。

② 分析柱不可摔打碰撞。

③ 分析柱上有箭头表示洗脱液流进和流出的方向,不可以接反。

④ 安装分析柱时,为避免气泡产生请按下述顺序安装:拧开分析柱进口接头螺丝,装好配制的洗脱液,启动 IC 泵(即离子色谱输液泵),待有溶液从管接头流出后,关 IC 泵,把分析柱进口接头螺丝拧紧。再启动 IC 泵,待有溶液从分析柱出口流出时,不要急于拧上出口接头螺丝,让溶液冲洗分析柱 5min 左右,然后再拧上分析柱出口接头螺丝。

⑤ 必须在有保护柱的情况下分析样品。

⑥ 不要把样品中的气泡注射入分析柱。

⑦ 装标准液的容量瓶不可用酸性溶液泡。

⑧ 对有颜色的含杂质的样品要做前处理后才可进样。

⑨ 高压 IC 泵不可空转。

⑩ 至少每两周开一次机。

⑪ 电脑中的电源管理和屏幕保护要关闭。

 ————————— 练习题

一、填空题

1. 离子色谱可分为 ＿＿＿＿＿＿＿、＿＿＿＿＿＿＿、＿＿＿＿＿＿＿三种不同分离方式。

2. 离子色谱系统由＿＿＿＿＿＿＿＿＿＿、＿＿＿＿＿＿＿＿＿＿、＿＿＿＿＿＿＿＿、＿＿＿＿＿＿＿＿和＿＿＿＿＿＿＿＿ 等部分组成。

3. 离子色谱法具有的四大优点是＿＿＿＿＿＿＿＿、＿＿＿＿＿＿＿＿、＿＿＿＿＿＿、＿＿＿＿＿＿＿＿。

二、选择题

1. 抑制器的作用是（　　　）。

A. 降低背景电导值　　　B. 增加背景电导值　　　C. 降低灵敏度　　　D. 降低流速

2. 高效离子色谱的分离机理属于（　　　）。

A. 离子排斥　　　　　　B. 离子交换　　　　　C. 离子吸附　　　D. 离子反应

3. 离子色谱中的预柱的作用是（　　　）。

A. 去除颗粒杂物　　　　　　　　　　B. 消除可能损坏分析柱的杂质

C. 去除干扰离子　　　　　　　　　　D. 减小死体积

4. 电导检测器是测定流经电导池的（　　　）。

A. 电导率　　　　　　　B. 电流　　　　　　　C. 吸光度　　　D. 以上选项都不是

5. 待测离子的价数越高，则保留时间（　　　）。

A. 越长　　　　　　　　B. 越短　　　　　　　C. 无关　　　D. 以上选项都不是

三、判断题

1. 离子色谱分析阴离子时，通常选择强酸性溶液作为淋洗液。　　　　（　　　）

2. 离子色谱分析阳离子时，通常选择强碱性溶液作为淋洗液。　　　　（　　　）

3. 离子色谱的流路系统主要由具有耐化学药品腐蚀的 PEEK 材料组成。　（　　　）

4. 离子色谱淋洗液系统不能有气泡。　　　　　　　　　　　　　　　（　　　）

5. 离子色谱淋洗液浓度提高会使一价和二价离子的保留时间缩短。　　（　　　）

6. 与高效液相色谱相比，离子色谱中固定相对选择性的影响较大。　　（　　　）

四、简答题

抑制器的作用是什么？

阅读材料

离子色谱发展史

1975 年，Small 等成功解决了用电导检测器连续检测柱流出物的难题，即采用低交换容量的阴离子或阳离子交换柱，以强电解质作流动相分离无机离子，流出物通过一根称为抑制柱的，与分离柱填料带相反电荷的离子交换树脂柱。将流动相中被测离子的反离子除去，使流动相背景电导降低，从而获得高的检测灵敏度。从此，有了真正意义上的离子色谱法，离子色谱法也从此作为一门色谱分离技术从液相色谱法中独立出来。1979 年，Gjerde 等用弱电解质作流动相。因流动相本身的电导率较低，不必用抑制柱就可以用电导检测器直接检测。人们把使用抑制柱的离子色谱法称作双柱离子色谱法或抑制型离子色谱法，把不使用抑制柱的离子色谱法称作单柱离子色谱法或非抑制型离子色谱法。

20 世纪 80 年代初，离子色谱已经广泛地被人们认同接受，离子色谱的销售量每年以 15％以上的速度递增，美国化学文摘及英国的分析化学文摘专门将离子色谱分成独立一类。

参 考 文 献

[1] 黄一石. 仪器分析. 4 版. 北京：化学工业出版社，2020.
[2] 马少华，石予白. 食品理化检验技术. 杭州：浙江大学出版社，2019.
[3] 王炳强，曾玉香. 化学检验工职业技能鉴定试题集. 北京：化学工业出版社，2015.
[4] 句荣辉，潘妍. 食品质量安全检测. 北京：中国轻工业出版社，2023.